複眼マネジメントのすすめ

4つのマネジメント手法を使いこなす

太田雅晴 著

日科技連

まえがき

本書では、複眼マネジメントというテーマを設定した。今、まさに経営環境が激変していることは、誰しもが同意するであろう。その経営環境に、迅速・的確・柔軟に対応するには、今、特に注目する必要があるいくつかのマネジメント項目の視点から、複眼的に現代企業のマネジメントを検討する必要があると考える。

マネジメント項目は多様である。本書では、

① 社会を成立させる仕組みを検討する「オペレーションズマネジメント(生産や販売など各種業務管理)」

② 上記①の検討において新たな価値創造を誘導する方法を検討する「イノベーションマネジメント(新結合)」

③ 地球環境の保全や不平等の是正に配慮しながら事業を発展させることを考える「サステナブルマネジメント」

④ 上記3つのマネジメント手法を迅速かつ有機的に行うための情報の流れを検討する「情報マネジメント」

という4つの視点から企業などの組織のマネジメントを検討する。人材(採用、教育、配置)、金の流れ(金融、財務、経理)なども一緒に検討できることが好ましいが、紙幅と筆者の専門性から、上記の4視点に限定する。

幸いにも筆者は、過去において、多くの支援者の力を借り上記の4つのマネジメントにかかわる著作を上梓してきた。それらを一冊にまとめてみることで、それらのマネジメントへの糸口が、筆者にも読者にも見つかるのではないだろうかとの想いがある。別の言い方をすれば、「読んでいただいた読者に総合的な知識を提供することで、処方箋を検討する切っ掛けにしていただきたい」という強い願いがある。

実業界はもとより学術界でも、DX、スマートファクトリー、Society 5.0、SCMなど、複眼マネジメントを指向する指針が活況を呈して、さまざまな試

みが現在進行中であることも事実である。筆者は、大学で上記した個々のマネジメントにかかわる講義を担当するのと並行して、この20年間にわたり実業界においては、多くのグローバル企業の診断業務、実務界のそのときどきの課題に即したシンポジウムや大会の企画、中小中堅企業のコンサルティング、地域の町おこし支援など、微力ながら貢献してきた。その経験も生かしながら、複眼マネジメントを考えてみたいし、可能であれば独自の処方箋を生み出せればとも考えている。

ここであえて、企業を取り巻く経営環境にかかわる課題を思いつく限り列挙してみよう。新型コロナウイルスの未曾有の世界的蔓延、新興国企業の本格的な台頭、グローバル化への各国の保護主義的独自対応、資源争奪戦を有利に展開するべく繰り広げられる各国の多様な経済政策、情報技術の飛躍的な進展とそれに伴う標準化争奪戦、天変地異の多発から地球環境保全に向けた取組みへの強い要請、世界的な貧富の格差の拡大、少子高齢化など、である。わが国は高度成長の時代を経験しているが、とてもその時代を回顧するような安穏とした企業経営などを行える経営環境ではない。これらの課題に対峙するには、先の4つのマネジメントを横断して考えなくてはならないが、それに向けての文献はほとんどないと言っても過言ではない。

本書の意図は、そのような先が読めず激変する経営環境に対応できるマネジメントを読者と一緒に考えてみようというものである。そのためには、まず、読者にそれらマネジメントにかかわる個別知識の大枠を正確に提供することから始めなくてはならない。「オペレーションズマネジメントについては詳しいが、情報やサステナビリティにかかわる知識は門外漢」「イノベーションは技術革新であるから文系人間には関係ない」「情報技術には詳しいがオペレーションズマネジメントやサステナビリティについては苦手」というような、読者の多様な主張が想定される。しかし、まずはそれらの主張を横に置き、4つのマネジメントにかかわる知識の大枠を学んでほしい。

それでは複眼マネジメントは、大げさに考えなくてはならないものであろうか。ある事例をもとに、そのようなマネジメントを自然体で行っていくことを考えてみよう。

右の写真は、宍道湖畔にオープンしている「夕日が見える日の夕方だけオープン」するというサンセットカフェである。このカフェから、個々のマネジメントに通じる要因を抜き出すことができる。

このカフェは、カフェなど簡単にはオープンできない国立公園内の宍道湖畔にある。オーナーである植田葉月さんは自分の夢を実現するために、国立公園内での開設の許可を得るのに、役所や関係する多くの人々を説得して３～４年掛かったそうである(イノベーションマネジメントの視点)。そして、カフェをInstagramで公開したところ取材が殺到してより多くの人に知られるようになった(情報マネジメントの視点)。また、容器などで綺麗な国立公園という環境を汚さないために、飲食後の容器などは自店への返却を呼びかけている(サステナビリティの視点)。屋台のような店で、多様なメニューに一人で接客・調理しており、それは本書でいうところのセル生産方式である(オペレーションズマネジメントの視点)。まさに複眼マネジメントの賜物である。

最後に、右上の写真は合成である。背景となっている星空は、星取県とも呼ばれる鳥取県の日南町で撮影したものである。日南町はサステナブルマネジメントの重要な指針であるSDGsの推進都市としても著名である(**4.2節**で取組みを紹介している)。写真も他の写真と出会い、新結合することで新たな景色をわれわれに投げかけてくれている。これらのことから、複眼マネジメントの一つのあり方として、自らの夢、美しさを素直に追求し、複数のマネジメントの視点を積極的に導入すれば、その夢は現実化できるということである。その実現の過程で、本書の知識はその正当化を支援してくれる。

本書は、筆者がかかわってきた書籍からの引用が多い。筆者の視点から改めて書き直す必要性はほぼないほどの内容であったからである。共著者の方々が本書へ引用することをご快諾いただいたことについて、感謝以外に言葉はない。それに該当する部分の執筆者は、五十音順に、稲村昌南、呉 銀澤、清田 匠、高橋敏朗、高柳直弥、竹岡志朗、寺井康晴、Youngjin Yoo である（敬称略）。また、本文中の図 2.4 の写真については、DMG 森精機株式会社の森雅彦社長に取り計らってご提供いただいた。この場を借りて、本書の刊行に不可欠な内容をご提供いただいた皆様に御礼申し上げる。

まずは、日頃からご支援いただいている大阪学院大学および前任校の大阪市立大学の教職員の皆様に厚く御礼申し上げる。そして、このようなマネジメント書の執筆の動機づけを与えていただいたデミング賞審査委員会委員や TPM 賞審査委員会委員の先生方、両賞の審査対象企業の優れた取組み、QC サークル幹事会の皆様の熱意、関西 IE 協会の幹事の皆様および参画企業からの事例や知恵のご提供には御礼以外に言葉がない。さらに常に挑戦することの必要性を率先して示していただいた豪州メルボルン大学や欧米の関係大学、インドネシアのガジャマダ大学、タイのタマサート大学、ベトナムのベトナム国家大学の先生方には謝意を表し、同時に要請されている著作のグローバル化はこれからであり、今後の課題としたい。

筆者の本来の専門は、オペレーションズマネジメントであり、その素養を習得できたのは、元京都大学教授の人見勝人先生（故人）あってのことであり、また未知の分野への挑戦を応援してくれた大阪大学名誉教授の赤木新介先生（故人）があってのことである。両先生には、心の底から感謝申し上げたい。また、仕事に集中することを許容してくれ、常に健康に配慮してくれている妻あけみ、そして家族には特段に感謝したい。最後に、いつも執筆の機会をつくるべく叱咤激励してくれている日科技連出版社社長の戸羽節文氏、今回の全体構成から校閲まで全力でご支援をいただいた同社出版部の田中延志氏にはこの場を借りて厚く御礼申し上げる。

2022 年初春　島熊山の丘陵と甍を窓外にして

太田　雅晴

本書の構成・読み方

本書は、「まえがき」で述べたように、激変する経営環境に複眼的に対峙するため、今まさに注目されている4つのマネジメントを用いる必要性を唱えたものである。これら4つのマネジメントについて、大枠であっても的確かつ最新の知識を提供することを心掛けて執筆した。

日本語の「マネジメント」は、英語 management のカタカナ表記にすぎない。英語表記(名詞)の動詞形は、manage である。そして、「マネージ」を広辞苑で引くと「取り扱うこと、処理すること、管理すること」とある。「マネージ」の対象の違いで、異なった呼び名がつけられる。

マネジメントの一般な意味を言語化すれば「企業をうまく運営する(つまりは収益を確実に上げていく)ために、経営資源(人、もの、金、情報)をうまく取り扱うこと」といったものになるだろう。つまり、マネジメントの主要なテーマは「人のマネジメント」「お金のマネジメント」になる。しかし、人を集めただけ、お金を集めただけでは、収益に結びつかない。「人とお金を用いて具体的にどのような活動を行うか」が焦点となる。

本書の内容を鳥瞰した**図1**を用いて考えてみよう。

本書が焦点を当てるのは、具体的に物事を取り扱い、処理し、管理する活動であり、それらを「①オペレーションズマネジメント」「②イノベーションマネジメント」「③サステナブルマネジメント」「④情報マネジメント」の4つに分類している。

これらが検討するテーマは、それぞれ以下のとおりである。

①　オペレーションズマネジメント

製造業なら「素材から製品を作り、それを消費者に届けるプロセスをいかにうまく構成するか」を、サービス業なら「さまざまな知識を用い、いかに顧客にとって魅力的なサービスを提供するか」を検討する。

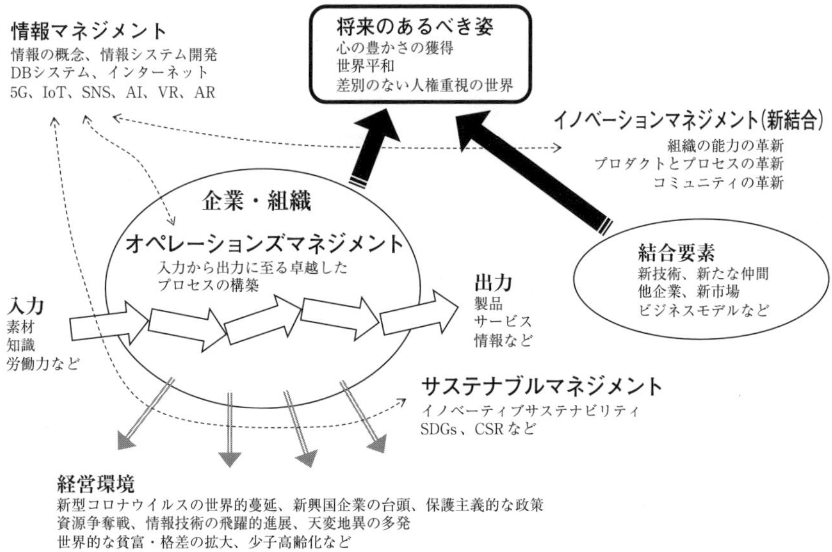

図１　本書の構成にかかわる鳥瞰図

②　イノベーションマネジメント

ここでは、以下を検討する。

- 新たな製品やサービス
- 新たな市場の開拓
- 新たな製造プロセスや商取引プロセスの開発
- それらを考え出すことができるコミュニティ（組織）の構造
- そこで必要される組織能力
- そのための実行プロセス

③　サステナブルマネジメント

企業などの組織がかかわる経営環境を認識し、それに対応するようなさまざまな施策を検討する。SDGsなど国際的な指針を考慮したほうがよい場合もあれば、独自の方策を検討する場合もある。

④　情報マネジメント

経営資源を最適に利用するための最新情報技術の利用方策を検討するこ

とに加えて、情報というものに対する意味を再確認する作業が含まれる。

組織内コンピュータ情報システムの開発、SNSなどの社会情報システムの開発や利用、インターネットやモバイル通信技術の活用、IoTなどの最新の電子デバイスの活用などの検討に加え、それらの進展により、「われわれの社会の情報に対する視点や重点の置き方がどのように変遷しているか」なども検討する。

本書では、下記のように、4つのマネジメントに対応する章を1〜4章まで設けて、それぞれの基本事項を提供している。

第1章では、「情報とは何か」という問いから情報マネジメントのあり方を検討するとともに、マネジメントの遂行に必要となる最低限の技術的な知識を最新の技術動向も含めて記述した。

第2章では、科学的管理法の登場以来、積み上げられてきたオペレーションズマネジメントの基礎的知識を提供している。また、それらを経営成果に結実させるマネジメントシステムの概要も述べている。

第3章では、イノベーションを科学的かつ効率的に創起させ、成功させるための組織的活動についての最新の考え方を記述している。「新結合によるイノベーションをいかに実現するか」が本章の課題である。

第4章では、まずは、イノベーティブサステナビリティや継続的発展のための17原則(SDGs)など、サステナブルマネジメントを推し進めるうえで欠くことのできない知識を解説している。それに加えて、複眼マネジメントを推し進めるうえで社会的・制度的課題にかかわる知識をまとめている。近年注目が集まるDXやSCM、さらにグローバル化のあり方、新たな製品の開発の種となる新技術や考え出したさまざまなマネジメント手法の権利化の問題についてである。近年、特に情報技術の飛躍的進展とともに、技術そのものに闇雲に傾倒しがちなので、それらを利用していくうえでの罠についても検討している。

読者は、以上のどこからでも学ぶことができる。自らに欠けている分野があると感じる人は、そこを中心にして学んでほしい。

本書を読み進めるにあたり、筆者から読者の皆さんに要望したいことが1つだけある。マネジメントについて考える前に、鳥瞰図(**図 1**)のような「将来のあるべき姿」、つまり少なくとも自分が席を置いている組織、もしくは経営している企業の将来のあるべき姿を想定してほしいのである。学生であれば個々人の将来の夢でもかまわない。その際に、わが国の優れた企業が経営の根幹に置いてきた視点を思い起こしてほしい。例えば、近江商人が活動の理念とした「三方良し(売り手良し、買い手良し、世間良し)」や、(二宮尊徳の報徳思想にもとづき今日も活動している人々によれば)二宮の考え方を集約した「道徳なき経済は犯罪であり、経済なき道徳は寝言である」などである。これらの視点を加えることで、自然と複眼マネジメントの意義も理解できるであろう。

「まえがき」で紹介したサンセットカフェの例からも読み取れるように、最初に「実現すべき夢」をもち、「それを実現するのだ」という強い意志があってこそ、初めて複眼マネジメントが意味を持ち始める。これに、上記の近江商人や二宮尊徳の考え方も反映できれば、より多くの人々の共感を得ることに通じ、夢はより実現しやすくなる。

夢も意志もない読者が、単に本書で取り上げた個別マネジメントを闇雲に勉強しても、確実に「使えない知識」と化すだろう。そうなると、近い将来、せっかく覚えた知識でも脳裏から消え去るのは間違いない。知識とは、夢と意志をもつ者にとっての道具にすぎないのだから、使わない道具が不要になるのは必然である。

目　　次

まえがき　iii
本書の構成・読み方　vii

第1章　情報を扱う技術の進化とその経営活動への利用 —情報マネジメント— ……………………… 1

1.1　概要　1
1.2　情報とは　2
1.2.1　情報の語源　2
1.2.2　情報の特質　3
1.2.3　情報概念　4
1.2.4　データ、情報、知識　6
1.2.5　情報伝達媒体としてのメディアの発達　8
1.2.6　企業経営における情報観　12
1.3　ハードウェアとソフトウェア　15
1.3.1　コンピュータの動作原理　15
1.3.2　コンピュータシステムを構成するデバイス　16
1.3.3　ソフトウェア　17
1.3.4　コンピュータの処理形態　18
1.4　データベースとAI、VR、AR　21
1.4.1　データの記憶単位とファイル編成　22
1.4.2　データベースの設計　23
1.4.3　データウェアハウス、データマイニング　25
1.4.4　ナレッジコラボレーション　26
1.4.5　人工知能　27
1.4.6　VR、AR、MR　29
1.5　通信技術とインターネットの発達　31

1.5.1　情報ネットワークと通信プロトコル　31
1.5.2　インターネットにかかわる技術　32
1.5.3　インターネットの利用とその通信速度　34
1.5.4　IoT　36
1.6　情報システムの開発　37
1.6.1　代表的な情報システムパッケージ　38
1.6.2　コンピュータ情報システムの開発プロセス　42
1.6.3　情報システム開発のための代表的方法論　44
参考文献　47
演習問題　50

第 2 章　経営活動を合理的・効果的に行うための基本的取組み —オペレーションズマネジメント— ‥‥‥‥‥‥‥‥‥ 51

2.1　オペレーションズマネジメントとは　51
2.2　オペレーションズマネジメントの基本的要素　53
2.2.1　設計プロセス　53
2.2.2　製造プロセス　59
2.2.3　生産・販売プロセス　70
2.3　総合的、組織横断的生産計画・管理の手法　83
2.3.1　MRP の概要　83
2.3.2　JIT　89
2.3.3　OPT と TOC　96
2.3.4　SCM と DCM　98
2.4　工程管理、品質管理、原価管理　101
2.4.1　工程管理　101
2.4.2　品質管理　102
2.4.3　原価管理　103
2.5　マネジメントシステムとその役割　104
2.5.1　TQM、TPM、シックスシグマ　105

2.5.2　問題解決、小集団改善・部署横断型改善活動　108
コラム：改善活動の概要　110
参考文献　112
演習問題　115

第3章　価値創造に向けての取組み
—イノベーションマネジメント— ………… 117

3.1　イノベーションマネジメントとは　117
3.1.1　現代の経営環境とイノベーション　117
3.1.2　イノベーションの捉え方　118
3.1.3　イノベーションの種類　119
3.2　イノベーションケイパビリティとイノベーションプロセス　126
3.2.1　概要　126
3.2.2　イノベーション遂行のための組織能力　127
3.2.3　イノベーションプロセス　130
3.3　イノベーション推進のためのコミュニティ　136
3.3.1　イノベーションネットワーク　136
3.3.2　イノベーションプロセスにおける「翻訳」の概念　137
3.3.3　イノベーションネットワークにおけるデジタル化の2つの動因　138
3.3.4　イノベーションネットワークの種類　139
参考文献　142
演習問題　146

第4章　サステナブルマネジメントと複眼マネジメントへの
誘引事項 ………………………………… 147

4.1　概要　147
4.2　持続的成長とSDGs　149
4.3　新たな価値を生み出す知財の活用体制の構築　158

4.4　グローバル環境を利用するための価値創造マネジメント　164
4.5　情報技術の応用による新たな価値創造　172
参考文献　176
演習問題　179

索　引　180

第1章
情報を扱う技術の進化とその経営活動への利用
—情報マネジメント—

1.1　概要

近年のマネジメントの要点は、「情報、情報技術(以降、IT)、情報システムを、いかに戦略策定や日常業務に組み込み、優れた仕組みを創造できるか」である。その仕組みに関わる知識を提供するオペレーションズマネジメント(**第2章**)にしても、イノベーションマネジメント(**第3章**)にしても、日頃の業務遂行やその進化には、本章の情報にかかわる知識が欠かせない。まさに情報は、本書のテーマである複眼マネジメントの重要な視点であるといえる。

そんな時代にあっても、情報とは何かを真剣に考える人は少ないし、ITの活用は人任せになっているのではないだろうか。

本章では、まず情報とは何かを語源から遡る。そのうえで、ものとの比較で「情報にはどんな特質があるのか」「マネジメントでは、情報や情報システムをどのように捉えてきたのか」を述べる。情報をITで取り扱うことが当たり前になりつつあるが、その場合の要点は、データ、情報、知識をそれぞれ分けて取り扱うことである。

一方、情報そのものに付加価値があると捉える切掛けとなったインターネットであるが、それをメディアとして捉えたとき、「それまでのマスメディアとどう違うのか」「インターネットは、どのように発達し、我々の社会をどう変貌させたのか」「ITの発展に伴い企業経営では情報をどのように捉えるようになっていったのか」「ITや情報を用いて新たな価値を生み出す必要性が叫ばれているが、そこに至るにはどのような経緯があったのか」を把握する。

他方、ITを仕事に活用するには、最低限のITの知識が必要不可欠である。ハードウェアやソフトウェアの概要、コンピュータを仕事に活用するうえでの情報の処理方法、仕事の処理速度にも影響するデータベースのあり方とその構築の方法などである。そのなかでも、データベースにかかわって、AI、VR、ARなどにかかわる技術が飛躍的に発展している。それらの活用も、もはや企業戦略となりつつある。

情報通信技術の発展過程も知識としてもっておく必要がある。「情報通信技術としてのインターネットとは何か」「それはどのような経緯で生まれ、その経緯ゆえに残された課題は何か」「それを用いて何ができるのか」である。また、5Gと呼ばれる第5世代移動通信システムの商用サービスの開始を象徴として、移動体通信の進化は、我々の生活に革新をもたらしている。

本章の最終節では、システム開発の概要を少し詳しく述べる。情報システム開発の手続きを理解することは、情報やITを日常業務や創造的業務に有効に利用し、企業の組織能力を向上させ、コア・コンピタンスを獲得することに通ずる。そのような情報システムの開発には莫大な投資が必要になることは想像できるであろう。もはやシステム部門やコンピュータシステムの会社に任せておけばよいというものではない。読者、つまりシステムのユーザが主導してシステム開発にかかわらなければ、もはや企業での新たな価値創造は不可能な時代に入ったのである。

1.2　情報とは[1)]

1.2.1　情報の語源

情報とは何か。一般的には「不確実な状況で判断・選択・行動に用いる知らせ」といった意味で捉えられている。日本語でいう「情報」の語源は定かではないが、「情」勢についての「報」告ないしは「報」知と考えるのが妥当であろう。言葉そのものが使われだしたのは明治時代あたりで、もともとは軍事用

1)　本節のもととなったのは大阪市立大学商学部（編）(2003)：『ビジネス・エッセンシャルズ2　経営情報』の第Ⅰ部第1章「情報とは」(稲村昌南著)で、今日でも通用する内容を転載し、必要な情報も追記した。

語であったと考えられる[2]。つまり、「情」勢というよりはむしろ敵「情」についての「報」知というニュアンスが強かったと思われる。

日本語の「情報」に対応する英語は、「information」である。「inform」=「知らせる」という動詞の名詞形であり、語源的には、事物の形=「form」(フォルム)を定めるという意味である。

「形」には2通りの意味がある。1つは、「形相」つまり物事の本質を表すもので、情報は物事の本質や真理に到達することを意味する。人間は必ず何らかの情報をもとにして行動を起こし、その状況下でベストな選択をすることで本質に迫ろうとする。経営者であれば、内部環境と外部環境から得られる情報をもとに最小のコストで最大の利益を上げるための意思決定を指向するだろう。もう一つは、「形式」であり、情報が与えられることで文字どおり形式化あるいは画一化されることを意味する。マスコミから発せられる情報により、世論の画一化が起こるといった現象はこれに当てはまる[3]。

1.2.2　情報の特質

情報がもっている特質について考えてみよう。ここでは「もの」と比較することで「情報」の6つの特質を浮き彫りにする[4]。

① 複写可能性

「情報」は複製が容易で、オリジナルが1つあれば大量に複製できる特質をもつ。書籍や多様な電子媒体(メディア)によって多くの人々に情報を伝達することが可能である。

② 不移転性

「もの」は、他人に譲渡すれば手元に何も残らない。「情報」は伝達ないしは売っても元の持ち主の所有であることに変わりがない。このように「情報」を財産として捉えると発信者の所有権は変化せず、利用者は利用権のみ発生する2)ことになる。

---

2)　ソフトウェアとしての利用料の例は、近年はサブスクリプション形式などが挙げられる。

③　価値の相対性

「もの」の場合にもある程度当てはまるが、それ以上に「情報」は受け手によって受ける価値の差が大きい。例えば、スノボが趣味の人にとって明日行くゲレンデの天気予報や積雪情報は大きな意味をもつが、スノボに興味のない人にとっては何の価値もない。

④　累積性

「もの」は数が増えるに従い価値が下がるが、「情報」は逆に増えれば増えるほど価値が上がる。例えば、顧客情報や販売情報は、母集団が大きいほど、また継続的に情報収集して累積度が高くなるほど、そして情報間の関係が整理され体系化されるほど価値が高まる。

⑤　無体性

「情報」はソフトウェアであり、「もの」のように実体が存在しないが、「情報」は「もの」以上の財産性を有する場合が少なくない。例えば、業務遂行過程で苦労して集めた顧客情報は、マーケティングのための重要な資産となり、それを必要としている企業に販売することもできる。

⑥　循環性

「情報」は、部品や材料といった「もの」と違い、一回で使い切る場合が少ない。例えば、顧客の消費性向の情報は、店舗の品揃えの意思決定に利用されるが、その結果として販売情報は再び、顧客の消費性向の情報をより強固なものとして刷新し、その後の品揃えの意思決定に利用される。

1.2.3　情報概念

情報の見方や定義は人によりさまざまで、取り扱う側面により異なる。先述した差異にもとづく情報の定義は、多様な学問分野での包括的な定義であるが、ここでは、経営学領域において適用されてきた主要な論者の情報概念を概観する。

(1)　サイバネティクスと情報

サイバネティクスは、数学者N.ウィナー(1894～1964)により提唱された情報概念である。ウィナーのいう情報とは、「われわれが外界に適応しようと行動し、またその調節行動の結果を外界から感知する際に、われわれが外界と交換するものの内容」[5]としている。コンピュータが登場して以降、経営と情報との関係性を最初に指示したものとも捉えることができる。

(2)　不確実性の低減としての情報

数学者C.シャノン(1916～2001)は、システムは「一定の不確実性をもっている」として、この不確実性の量を減らす働きをするものが情報であるとした[6]。

シャノンの情報概念の特徴は、情報に量的概念を導入したことである。シャノンによれば、情報とは、ある状況にいる人の不確実性の量を減らす働きをするものである。また、情報量の大きさとは、それが与えられたことにより低減された不確実性の量そのものである。ここで注意すべきは、シャノンの情報概念には情報の有用性や価値は考慮されていないことである。

(3)　意思決定と情報

マネジメントの立場からはじめて情報や知識の定義を行った人物は、A. M.マクドノウである。マクドノウによると、情報とは「特定の状況における価値が評価されたデータ」[7]であるという。マクドノウは、情報と意思決定のかかわりについて、情報の価値と収集コストの関係からも説明している(**図1.1**参照)。

すなわち、情報探索期間に比例してその収集にかかるコストは増加するのに対して、情報の価値はある時期を境に逓増となる。したがって、価値とコストの差が最大になるところで意思決定を行うことが理想的だというのである。

それでは情報の価値はどのように算定されるべきだろうか。それは、その人の置かれた状況によって左右される主観的なものにならざるを得ない。情報を

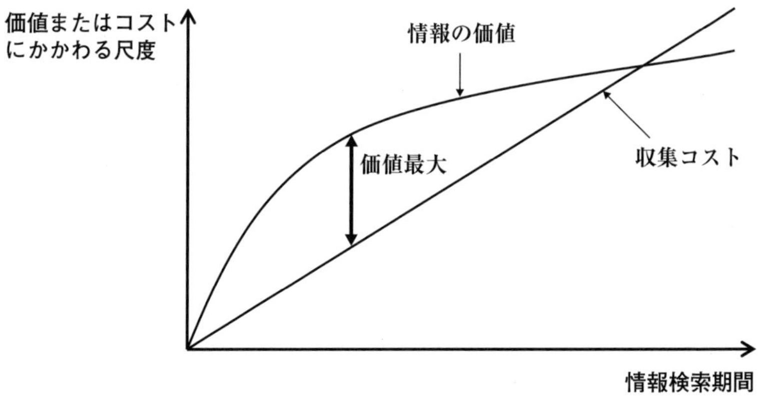

図 1.1　情報の価値と収集コストの関係

得ることで自分の抱えている問題がどの程度解決されるかがその情報のもつ価値である。簡潔にいえば、「その情報を得た場合に期待される利得」と「その情報を得なかった場合に期待される利得」との差が、情報の価値である。

1.2.4　データ、情報、知識

これまで情報という言葉を、データや知識と特に区別することなく使用してきたが、厳密にいえばこれらの言葉は区別されるべきである。企業において、データ、情報、知識を区別して管理することは、企業戦略上、重要な問題である。

ここではT. H. ダベンポートとL. プルサックの考え方を参考に、これらの言葉の相違を明らかにしてみよう[8]。

(1)　データ

データとは、出来事や存在など認識可能なあらゆる事象についての客観的事実であり、多く場合、数量化できる。企業では取引が起こるとそれをデータとして記録している。例えば、顧客がコンビニへ行き買い物をすると、何を何個買い、いくら払ったかが数字として出てくる。これがデータである。しかし、

「なぜ多くの顧客がそのコンビニを選んだのか」「その顧客は今度いつ買い物に来るのか」といったことはデータから読み取ることはできない。データが提供できるのは、あくまで物事の客観的事実だけである。

(2)　情報

情報とは、一言でいえばメッセージであり、どんなメッセージもそうであるように、そこには必ず送り手と受け手が存在する。そして、情報はそれを得た受け手のものの見方を変えたり、判断や行動に大きな影響を与えたりする。情報はデータにはない意味をもっている。企業が情報を必要としているのは、まさにこの情報のもつ意味の側面、つまり問題に直面している意思決定者に意味を与えることで問題の状況把握を支援し、意思決定の精度を高めることができる点であり、ここに価値を見出しているからである。

それではデータから情報はどうしたら生み出せるのだろうか。データを情報に変換する方法は種々考えられるが、ダベンポートとプルサックは、次に挙げるいずれも「C」で始まる５つの単語にカテゴライズできるとしている。

①　文脈(Contextualized)：データ収集の目的を知る。

②　分類(Categorized)：データを一定の基準に従って分ける。

③　分析(Calculated)：データを数学的・統計的に分析する。

④　修正(Corrected)：データから誤差をなくす。

⑤　要約(Condensed)：データを簡潔な形に要約する。

(3)　知識

知識というと、直感的にもデータや情報よりもより広く、より深い意味をもつものという印象を受ける。一般的には、「ある状況における普遍的な真実」を指すことが多い。近年では、企業経営の領域でも知識が注目され、事業遂行の鍵は企業内に存在する知識の有効活用であり、その創造と利用をITで促進させようとする。

特許のような明言化された形式的知識が、企業にとって重要な資産であることは言うまでもない。企業には通常、従業員の頭の中や体に体得されており、明言化されていないノウハウや技能、アイデアといった暗黙的知識も多く存在している。これらを管理してうまく活用できれば、より良い製品開発手法や販売方法の発見に繋がると期待される。

一般的に言えば、情報の原材料がデータであったように、知識は情報から作られる。ダベンポートとプルサックは、情報から知識への変換方法を次の４つの「C」で始まる単語にカテゴライズしている。

① 比較(Comparison)：現状に関する情報は、既知の他の状況とどのように比較できるか。

② 結果(Consequences)：その情報は意思決定や行動にどのような結果をもたらすか。

③ 関連(Connections)：今もっている情報は、他の情報とどう関連しているか。

④ 会話(Conversation)：この情報について他の人はどう考えるか。

1.2.5　情報伝達媒体としてのメディアの発達

本項からは、情報そのものではなく情報を伝達するための手段であるメディアについて考えよう。メディアは情報を運ぶ媒体であり、情報と不可分な関係にある。メディアを検討することは情報についての理解を深めるためにも有効である。特に、最近のインターネットメディアは、我々の生活や仕事の仕方を劇的に変える可能性を有している。

中野[9]は、「メディアとは、意味を貯蔵しているもの、人間との意味的相互作用を媒介するもの、人間における意味産出・増殖作用をうながすもの」と定義し、人間自身も含めて意味を伴うものすべてを広くメディアと捉えている。本書では、少し範囲を限定し、今日のインターネットに代表されるようなツールとしての「情報(文字、音声、画像、イメージ)伝達媒体」をメディアと捉える。つまり、究極的には人と人との間を媒介して情報や知識を伝達する手段がメディアである。

(1)　初期のメディア

今日のメディアの原形は、原始時代の言葉の発明まで遡る[3]。言葉は人間同士のコミュニケーションを円滑にし、狩猟のためのチームワークを向上させた。

オフィスでの情報交換が業務の生産性を高めるという現状は、仕事の効率を上げるという意味では、本質は原始時代と変わっていない。そして、その言葉を書きとめ残しておくことを可能にした文字の発明がそれに続く。文字は、言葉を伝達するだけでなく記録して蓄積でき、それを後からいつでも利用できるという点で人間社会の発展に大きく貢献した。記録しておけば、その時代の出来事やノウハウなど有用な社会的知識が蓄積されていくのである。

(2)　印刷メディア

文字の発明が社会的知識の蓄積を可能にしたとはいえ、当時それを利用できるのは社会的地位の高い一部の人だけであり、多数の人は文字の読み書きができず文献を参照したり自分で記録したりできなかった。本当の意味で一般市民が文字を通して知識を利用できたのは、グーテンベルクによって活版印刷技術が発明された15世紀以降のことである。長いメディアの歴史のなかで、革命的な意味をもって語られるこの印刷技術は、加速度的に文字を普及させ、書物などの形で広く情報や知識を伝達した。当時は宗教的な書物が中心であったが、印刷された文字は時空間を越えてさまざまな人に利用され、後の大きな発明を生み、文化の形成に寄与した。こうして大量伝達手段としてのマスメディアが登場する基盤が確立された。

(3)　マスメディア

17世紀の初頭、最初の新聞がフランスで公刊された。一度に大量の人に情報を伝達できる新聞は、初期のマスメディアとしてそれまでのメディアの限界

---

3)　ホモサピエンスの誕生は70万年前、言語の誕生は5万年前、文字の誕生は5000年前である。

をある一定程度克服した。同様の情報を得た人たちは互いに議論し、それが「世論の形成」を促進したといわれる。また、電気時代の到来とともに、前世紀には音声による伝達が可能なラジオが登場し、より大衆的なメディアとして受け入れられた。そして、今日のメディアの代表ともいうべきテレビ放送が普及し、それまで文字を読んで想像してきたものを音声化、映像化して人間の視覚と聴覚の代わりを果たし、さらにコンテンツも多様化して情報提供手段と娯楽提供手段の両方の性格を強めた[4)]。

以下ではマスメディアの特質を挙げる。

① 一方向性

マスメディアの第一の特質は、情報の発信が一方向的なことである。情報を受け取る側は基本的には受身であり、メディア上でリアルタイムな議論の場を設定することは不可能である。

② オピニオンの操作性

同じ情報を一度に多くの人に伝達可能なこともマスメディアの大きな特質である。「世論操作」を可能とする潜在的能力が備わっているため、われわれの側でもマスメディアの提供物を識別する能力が必要である。

③ メディアの単一性

マスメディアは、新聞なら新聞、ラジオならラジオというように、テレビで新聞が読めたり、新聞でラジオを聞けたり、ということが基本的にはできない。

(4) インターネットを中心とする今日のメディア

今日のメディアは、グーテンベルク革命以来の大きな転換点を迎えたと考え

---

4) 以下のように、基礎技術の確立からメディアへの浸透まで、新聞は150年、ラジオとインターネットはそれぞれ40年くらいかかっているといえる。
- グーテンベルグによる初の聖書印刷(1455年)から、初の週刊新聞創刊(1605年)。
- 電灯用電力の送電開始(1881年)から、商業ラジオ初放送(1920年)とテレビ初放送(1935年)。
- ARPAnetでの初通信(1969年)から、google設立(1998年)、ブロードバンド元年(2001年)、Youtube設立(2005年)、twitter設立(2006年)。

てもよいかもしれない。なぜなら、印刷メディアからテレビなどのマスメディアへの流れは、伝える情報量の増大に焦点が当たっていたのに対し、マルチメディアやハイパーメディア[5]といわれる最近のメディアは、テキスト、音声、画像、動画を同時配信できることから、情報の内容の多様性やその質に焦点が当たり出しているからである。社会的には、個人の嗜好が多様化し、それに応えるべく登場してきたメディアである。

J. O. グリーン[10]は、多彩な情報資源が、デジタルコンバージェンス[6]という垣根のない情報環境で一体化し、それによりコミュニケーションにおいて驚くべき拡張が達成されるとしている。コミュニケーションにおける革新がこれまで人間の生活や仕事のやり方を根本的に変えてきたのだが、今日それをもたらすのがサイバースペース(仮想空間)である。

インターネットが生み出すこの仮想空間は、実際「人間が何らかの体験ができ、物理的ではないが何らかの影響を与え得る」という点で、特異なものである。バーチャルモールへの出店、バーチャルコーポレーションでの製品開発、バーチャルユニバーシティでの講義、テレワークなどによる仕事スタイルなど、その利用可能性は計り知れない。このサイバースペースの創出が今日のメディアの有効性を高めている。

以下はインターネットメディアの主要な特質である。

① 双方向性(interactive)

インターネットを中心とする最近のメディアは、双方向性というこれまでにはなかった特質をもっており、生活やビジネスの場で新しいやり方、新しいものを作り出している。

② メディアミックス(media-mix)

コンピュータ装置とメディアとの融合が新しい時代を生み出す。つま

5) コンピュータを中心に、文字・画像・音声などを総合的に提示する情報手段のことである。

6) IT の世界では、あらゆる情報が 0 と 1 で表現され、つまりは一元化、統合化されることとなる。近年では、あらゆる産業がデジタル技術を介して融合するという意味でも使われる。

り、PC でテレビが見られたり、電話で画像が送れたりとコンピュータ技術があらゆる形態の情報（文字、音声、画像、イメージ）を統合化するという形でメディアに新しい展開をもたらすことを意味している。

③　オープン性（open）

インターネットの大きな魅力の１つは、誰でも利用でき、欲しい情報や知識を獲得できることにある。高木ら[11]は、マルチメディア時代の人間社会においては、人間は自律主体的な特徴を強め、マスメディアの仲介なしで知を循環させると主張している。

④　即応性（agility）

光ファイバー網で繋がれたネットワークによって瞬時に世界の情報にアクセスできる。19 世紀後半にベルが発明した電話もほぼ地球全体と繋がっているが、速さと獲得できる情報量はインターネットメディアの比ではない。国境がなく出入り自由であることもインターネットの即応性を高めている。

⑤　大量性（massiveness）

インターネットメディアでの情報は、情報ネットワーク上のコンピュータメモリー上に蓄積される。その量はほぼ無限大に増やすことが可能である。マスメディアで蓄積されてきた情報さえも取り込むことが可能であり、我々に必要な情報は、ほぼインターネットメディアで獲得できるといっても過言ではない。

1.2.6　企業経営における情報観

企業経営と情報とのかかわりは、極めて多岐にわたっており、これを一元的な形式で記述し尽くすことは困難である。一方で、「企業経営において、データ、情報、知識や情報システム、IT など広義の情報に対していかなる認識の下で、どのような取組みを実施してきたか」を概観しておく意義は大きい[12]。

(1) 「必要悪」観と情報

事務処理は、情報処理という言葉が成立してくる以前に登場してきた概念である。「事務処理は企業活動にとって必要である」との認識は、事務機能の発見を契機としている。伝達(ヨミ)、記録(カキ)、計算(ソロバン)に代表されるような事務活動は、企業経営のような組織行動において広く行われてきた。事務は当初、業務担当者自らこれを遂行していたが、事務量の増大に伴い業務内共通事務を集中し、専任事務担当者を置くことが考えられた。こうして業務担当者固有の事務と業務内共通事務が分離する。

このような事務活動は、経営における利益獲得に直接貢献する主要活動ではないが、これらを促進し、結合するために欠くことのできない活動とみなされた。事務「必要悪」観、ないし情報「必要悪」観がそれである。すなわち、事務処理とは経営の主要活動に随伴して発生する副次的業務であり、企業経営上必要だが、コストのみが発生する厄介な業務であるとされた。

(2) 「有用性」観と情報

1950年代の事務管理論者の著作のなかに「収集し処理される情報の形は、主として、その情報を必要とする管理者によって決定されるべきである」[13]との指摘が見られる。このことは、事務管理論から情報管理論への脱皮の布石が行われていたことを意味する。

情報管理概念を体系的に明示した論者として、G. R. テリー(1970)[14]がよく知られている。前述の事務管理と1960年代本格的に登場してくる情報管理との基本的な相異は、後者が情報利用者の情報ニーズに注目していることである。

情報処理の技術が革新され、コンピュータの記憶媒体に情報が広範かつ長期に蓄積されるに及んで、情報処理や情報システムにはコストを要するが、製造・在庫・販売などの業務遂行に有用な情報活用により、業務効率の向上が見込めると考えられるに至った。情報は、「必要悪」観から脱却し、業務効率向上手段として情報「有用」観へとレベルアップすることになる。

(3) 「経営資源」観と情報

1970年代から1980年代に入って、情報や情報システムの経営における有用性が一層増進し、大型システム化のメリットやデータベースの活用の有用性が定着するに及んで、情報は「資源」として捉えられるに至った。適合的な情報を駆使することにより、企業が必要とする人(労働力)、物(資材、設備)、金(資金)といった経営資源を代替し、これを節減できるようになった。

新たな情報システムが一般に普及・展開されるにつれて職場の雰囲気が変化したり、意識改革に結びついたりすることがある。また、情報システムが高度化する過程で、思わぬビジネス・チャンスが飛び込んでくる可能性もある。体系化された情報や情報システムは企業経営にとって、もはや欠くことのできない重要な資源となったのである。その結果としての情報「資源」観である。この見方では、「経営資源としての情報を、人・物・金といった伝統的経営資源とどのように絡めていくか」が課題となってくる。

(4) 「戦略経営資源」観と情報

1980年代の後半から1990年代にかけて、インターネットの普及とも相まって、情報や情報システムを単なる「資源」と捉えるのではなく、「戦略資源」と捉える見方が一般化してきた。

コンピュータをベースとする情報や情報システムは、本格的な導入後の経過年数が短いゆえに、差別化の対象となりやすく、斬新なアイデアの下で情報や情報システム間に有用性の格差が生じやすい。このような意味合いから、情報や情報システムを捉えると、人・物・金といった従来型経営資源と異なる第4のクリティカルな経営資源とみなすことができる。この見方だと、戦略的適合性のある情報や情報システムは、企業の市場における競争優位を左右し、新しいビジネス・チャンスにも結びつき新たな価値を生み出し、さらに業界の構造それ自体をも変化させると考えられる。

以上、(1)～(4)まで、情報処理や情報化をベースとして企業経営と情報との関係を見てきたが、企業経営と情報とのかかわりは、決してそれだけにとどまらない。近年注目されている企業の情報資源のなかには、スキルやノウハウ、企業経営上の各種アイデアや特許を始めとする知的資源など広範な対象が含まれている。さらにいえば、人・物・金・情報の相互的かつ特殊な結びつきによって企業が獲得したコア・コンピタンスや、企業が顧客中心にもたらすコア・バリュー、さらにはビジネス・プロセスの革新で実現したコア・ビジネス・プロセスなど、無形ではあるが利益獲得において競争優位をもたらす総体としてのビジネス・モデルそれ自体も、究極的な戦略的情報資源なのである。

1.3　ハードウェアとソフトウェア

1.3.1　コンピュータの動作原理

コンピュータの基本的構成は、**図1.2**に示すように入力装置、制御装置、演算装置、主記憶装置、出力装置からなり、5大装置と呼ばれる。このなかで、制御装置と演算装置は、中央処理装置(Central Processing Unit：CPU)に組み

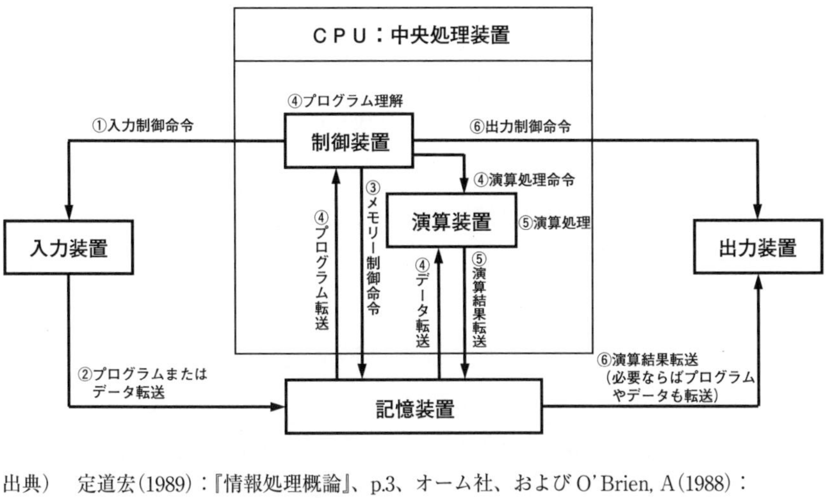

出典)　定道宏(1989)：『情報処理概論』、p.3、オーム社、および O' Brien, A(1988)：*Information Systems in Business Management*, Irwin の p.275 を参考に筆者作成

図1.2　コンピュータの基本構成と動作原理

込まれている。コンピュータの基本的な動作原理は、次の手順をとる。

① 制御装置から入力制御命令が入力装置に送られる。
② データやプログラムが入力装置から主記憶装置に転送される。
③ 制御装置から主記憶装置にメモリ制御命令が送られ、主記憶装置からプログラムの一部が制御装置に転送される。
④ 制御装置では、転送されてきたプログラムを理解して、演算装置に仕事の処理を指令するとともに、仕事の処理に必要なデータの転送を主記憶装置に指令する。
⑤ 転送されて来たデータをもとに演算装置は仕事を行い、その結果を主記憶装置に転送する。
⑥ 制御装置は出力装置に出力制御命令を送り、演算結果は主記憶装置から出力装置に転送され、ユーザまたはオペレータに提示される。

③を命令取出しサイクル(Fetch Cycle)、④を命令実行サイクル(Execute Cycle)と呼ぶが、コンピュータはこれらのサイクルを交互に繰り返しながら、仕事を処理していく。コンピュータの処理速度は、これらのサイクルの繰り返し速度と、一度に取り出し、実行できる命令やデータの量という２つの要因[7)]で決まる。

上記の手続きに従って処理を行うコンピュータは、ノイマン型コンピュータと呼ばれる。ノイマン型では上記手続きを繰り返すことから、その速度の向上には限界があり、近年では非ノイマン型コンピュータと呼ばれるものが開発されつつある。例えば、脳神経回路をモデルとしたニューロコンピュータや、量子力学の素粒子の動きを応用した量子コンピュータなどである。

1.3.2　コンピュータシステムを構成するデバイス

入出力装置は、オペレータや製造設備とのインターフェースであり、どのような装置を採用するかが重要であり、キーボード、マウス、ディスプレイ以外

7)　速度は周波数の単位であるHz、実行データ量は、0と1の個数を表すbitで8の倍数が一般的で、どちらも大きいほど速度は速い。

で近年注目されるものとして次がある。

- 磁気ディスク(ハードディスク、フロッピーディスク、RAID(Redundant Array of Inexpensive Disks)、NAS(Networked-Attached Storage)など)
- 光ディスク(CD-ROM、DVD、BD-R(Blu-ray Disk Recordable)など)
- メモリ系デバイス(USB メモリ、SD メモリカードなど)
- RFID(Radio-Frequency Identification Device)などの IoT デバイス
- 駆動系デバイス(ロボット、モーターなど)

1.3.3　ソフトウェア

コンピュータもそのままでは単なる半導体と金属とプラスチックの塊でしかない。したがって、コンピュータを稼動させるには、前項で述べた動作を間違いのないようにすべてプログラムとして記述し、指示する必要がある。

コンピュータへの指示は機械語と呼ばれる言語で行う。その場合、非常に簡単な処理、例えば「1 + 1」を計算し、その結果をディスプレイに出力するのにも相当量の手続きを機械語で記述する必要がある。その繁雑さを避け、機械語を知らない一般の人々にもコンピュータを使用できるようにしたものが、システムソフトウェアと呼ばれる。

システムソフトウェアは、OS(Operating System)と呼ばれるハードウェアを直接制御する基本ソフトウェア、後述するアプリケーションソフトウェアを機械語に翻訳するソフトウェア、ファイル処理やプリント処理などにかかわるユーティリティソフトウェアで構成される。それに対し、経理処理を行うソフトウェア、ワードプロセッシングのためのソフトウェア、その他高級言語と呼ばれる言語で記述されたソフトウェアなど、一般の情報システムを構成するソフトウェアは、アプリケーションソフトウェアと呼ばれ、OS の命令を利用するように記述される。

OS は、CPU の形態に依存して作成されており、主に、メインフレーム用、サーバ用、パソコン用、モバイル端末用に大別できる。近年、特に注目されているのは、パソコン用の Windows やモバイル端末用の Android や iOS、サーバコンピュータで広く使われるUNIXなどである。

アプリケーションソフトウェア(近年では、アプリとの略称される)は、企業の業務、我々の生活を支援するように開発される。その場合、大きな課題となるのはその使いやすさと有用性である。使いやすくて有用であれば、利用者はそのアプリケーションを使い続けてくれる。このことを象徴する言葉としてUI/UX(User Interface/User Experience)[8)]がある。

1.3.4　コンピュータの処理形態

データをコンピュータに入力すれば自動的に処理してくれるわけではない。仕事でコンピュータを利用する場合、その処理方法を指示もしくは選択しなくてはならない。近年、情報技術を仕事に積極的に利用して、仕事の合理化、効率化、売上増大、創造力支援などをすることが叫ばれている。コンピュータに仕事を処理させる方法には、処理時刻の視点からバッチ処理、リアルタイム処理がある。

(1)　バッチ処理(または一括処理)

いったん記録されたトランザクションデータ[9)]を日ごと、月ごとなど、計画したスケジュールに従ってまとめ、プログラムで処理する。大量のデータを処理できる点から、経済的な方法であるが、リアルタイムではないので、マスタファイル[10)]はバッチ処理がなされるまで更新されない。

(2)　リアルタイム処理(または実時間処理)

データが生成されたその時点で処理される形態であり、マスタファイルはそ

---

8)　UIとは、ユーザがアプリケーションと接するウェブサイトのデザインなどを指す。
　UXとは、そのアプリケーションを通して得られる体験を指す。
　優れたUIと価値ある体験をユーザにもたらすアプリケーションは使い続けられ、ビジネスの拡大の切っ掛けとなる。

9)　商取引で記録されたデータをトランザクションデータと呼ぶ。

10)　システムの処理において基本となり永久データとして保存されて台帳となるファイルであり、多くのアプリケーションで参照される。

の都度更新される。入力データを処理するだけでなく、ユーザに必要とする情報をいち早く返すことが大きな目的であり、このデータの発生からユーザの最終結果の取得までにかかる時間をターンアラウンド時間と呼ぶ。リアルタイム処理は、迅速なファイル更新とユーザの検索要求に対する迅速な反応などに特徴がある。しかし、ネットワーク設備などを整えなくてはならないし、バックアップファイルなどによるデータの保護が必要となる。

仕事を処理させるコンピュータは以前、メインフレームもしくは一台のコンピュータですべての仕事を処理していた。しかし今や、パソコンやサーバコンピュータの処理能力の向上にともない複数のコンピュータで仕事を分担する分散処理システム、代表的にはクライアント / サーバコンピューティングもしくはクラウドコンピューティングが一般化しつつある。

(3) クライアント／サーバコンピューティング(C/S)

C/Sでは、ネットワーク上にあるコンピュータをクライアントとサーバに分け、サーバは種々の機能を提供し、クライアントはその機能を利用するように構成される。あるアプリケーションを、データ管理(データ)、データ処理手続き(ロジック)、ユーザインタフェイスに分けるならば、**図1.3**のようにクライアント

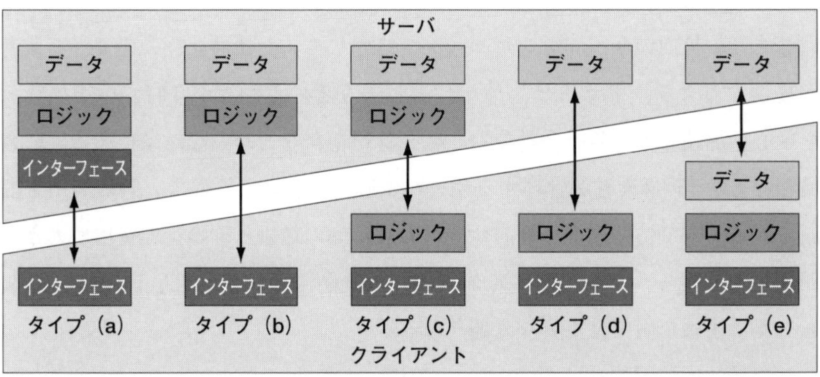

出典) Laudon, K. C., Laundon, J. P.(2004)：*Management Information Systems 8th edition*, Prentice Hall.

図1.3 クライアントサーバコンピューティングの形態

とサーバでこれら3つの機能を分割する方式として5つの形態が考えられる[17]。

例えば、乗り換え案内のアプリケーションを考えた場合、クライアント側のコンピュータでは、発地、着地、発時刻もしくは着時刻を、インターフェース機能を用いて入力する。サーバ側のコンピュータでは、発地から着地までのルート、着時刻もしくは発時刻を、ロジック機能を用いて計算する。その際に時刻表、路線情報などのデータが参照される。クライアント側コンピュータにもたせる機能としてインターフェース機能だけであるならば(**図1.3**の(a)、(b)のタイプ)、クライアントの負担は少ないが、ネットワークに繋がっていないとそのアプリケーションは使えない。クライアント側コンピュータに、インターフェース、ロジック機能、データのすべてをもたせれば(**図1.3**の(e)のタイプ)、クライアントのデータ容量負担は大きくなるが、ネットワークに繋がっていなくてもアプリケーションは使うことができる。

(4)　クラウドコンピューティング

C/Sでは一般的に、サーバコンピュータは自社内に設置される。近年、IT事業者は、特定の機能をもったサーバコンピュータに誰でもアクセスできるサービスを提供し始めた。これをクラウドコンピューティングもしくはクラウドサービスと呼ぶ。

今まで、社内のサーバコンピュータで処理していた仕事を、このような業者が提供するクラウドサービス11)で代替しようという動きが、特に中小事業者を中心に加速している。会計業務、販売管理業務などが主な対象である。顧客情報などをIT事業者が管理するサーバに置くことになるので、管理費用を削減できる一方で情報漏洩や社内サーバの故障への対処とその管理費用が大きな問題になり得る。利便性とリスクのどちらを重視するかが、近年の情報処理、もしくは情報企画では重要な課題となる。

---

11)　クラウドサービスは、アプリケーション機能の提供だけでなく、設備の貸与もそれらに含まれる。これらは、SaaS(サーズ：Software as a Service)、PaaS(パース：Platform as a Service)、IaaS(イアース：Infrastructure as a Service)などと呼ばれる。

1.4　データベースとAI、VR、AR

コンピュータが個々の業務で個別に利用され、そのシステム化が進行する過程において、データはそのシステムに固有のものとして蓄積・利用された。しかし、システム化が多くの業務で進行し、製品や業務の多様化、顧客の増加、事業の多角化が進展するとデータ量は爆発的に増大した。しかし、その主因は同じデータの複数の業務における重複作成・利用であった。

この事実が判明すると、データの効率的な利用・管理が求められ、データベース構築の必然性が生じた。ここで、データベースシステムとは、「データが多方面に有効的かつ体系的に利用されることを目指したデータの集合体系」である。このシステムを構築することによって、次の利点を享受できる[17][18]。

① アプリケーションのプログラムを個々のデータファイルや装置から分離・独立させることができる。

② データの重複を避け、統合し、複数のプログラムやユーザのアクセスに応えることができる。

③ データのフォーマットや補助記憶装置のタイプによらないでコンピュータプログラムを作成できるため、プログラムが簡単になる。

④ データの制御や安全性が向上する。

以降、コンピュータ内でのデータの取り扱い方、データベース設計のための基礎知識を述べるとともに、近年、それらをより有効に利用すべく登場した多様な技術(AI(Artificial Intelligence)、VR(Virtual Reality)、AR(Augmented Reality)など)も併せて紹介する。

データベースをいかに構築するかは、IT活用の促進に留まらず、迅速かつ有効な企業の戦略策定、円滑な日常業務の遂行・改善・革新、従業員個々人の創造性の発揮に多大な影響を及ぼすと言っても過言ではない。

1.4.1　データの記憶単位とファイル編成

(1)　データの記憶単位

データやプログラムは、各種記憶媒体に０か１かのバイナリィコードとして記憶される。媒体にデータが記憶、編成されるとき、下記の組織単位に従う。

- ビット(bit)：情報の最小単位であり、０か１で表す。
- キャラクタ(character)：文字のことである。基本的にアルファベットは８ビット(byte)＝１バイトで表す[12)]。
- フィールド(field)：文字の集まりで、ある実体の属性を表す。例えば、部品名フィールドには、部品の名前が記述される。
- レコード(record)：関連するフィールドの集合である。例えば、部品レコードは、部品名、部品コード、調達企業、調達日、使用製品などが記載されたフィールドの集合である。
- ファイル(file)：関連するレコードの集合で、主に使われる業務や評価の対象によって独特の名前が付けられる。例えば、入出庫伝票の綴（つづり）のように、ある時期のすべての業務に関するレコードの集合を、トランザクションファイル(transaction file)と呼ぶ。
- データベース(data base)：一般的に、論理的に関連するレコードやファイルの集合のことである。

記憶容量などで用いられる単位はバイトで、接頭語として、キロ(1,000)、メガ(1,000キロ)、ギガ(1,000メガ)、テラ(1,000ギガ)を用い、その容量を表す。これに対し、通信速度の単位はbitが用いられる。また画像などは1inch(2.54cm)当たりドット数を用いたdpi(dot per inch)やpixelを用いる。

(2)　ファイルの形態と編成法

ファイルは、使用用途、使用目的、使用者別の観点から、種々の呼び名が付

12)　漢字などは１バイトでは表せないので、２バイトを使う。ワープロなどの日本語入力システムでは、１バイト文字を半角文字、２バイト文字を全角文字としている。各文字を表すのに０と１をどう組み合わせるかが課題となる。こうした組合せをコードと呼び、複数種の規格がある。コードを間違えると文字化けという現象が起こる。

けられている[19]。システムの処理において基本となり永久データとして保存されて台帳となるマスタファイル、取引や業務で発生したデータをまとめたトランザクションファイル、処理でデータの受け渡しの役目をするテンポラリファイルなどがよく耳にする呼び名であろう。

データは、用途や媒体に応じて種々の記憶方式がとられるが、ファイルとして記憶・保存される場合、さまざまな方式をとる。これら諸方式は、「データをどのように整理するか」(つまり、データベースの論理構造と、ハードウェア上でどのようにデータを格納するか)の物理構造の架け橋となる。その代表的な方式としては次の2つがある。

① シークエンシャルファイル編成(または順次ファイル編成)

データを前もって決められた順序で記憶する磁気テープの代表的記憶方式で、アドレスの小さいほうから記憶される。これにアクセスする方法を、シークエンシャルファイル処理といい、トランザクションファイルからマスタファイルを更新する手続きがこれに該当する。

② ダイレクトファイル編成(または直接ファイル編成)

データをランダムもしくはノンシークエンシャルに記憶する方式である。コンピュータは記憶媒体上に各レコードが記憶されている場所のトラックを記憶し、その記憶をもとにデータにアクセスする。

1.4.2　データベースの設計

データベースは前述したように論理的に関連するレコードやファイルの集合であり、データが格納されている媒体を指しているわけではない。したがって、データベースの構築とは、種々の媒体に格納される個々のレコードの論理的関係を明確にすることである。その論理的関係の記述には論理データ構造がもととなる。現在、主流となっているのは次の2つの構造である。

① リレーショナル構造(relational model)(表構造)

大規模データベースのデータ間の関係を簡潔に表現するために開発された。ある関係(リレーションと呼ばれる)にもとづいた表の形式で各データが格納されていると考えてよい。ユーザの情報要求に応えるには、表を形成するリレーションをもとに検索する。

② オブジェクト指向構造(object-oriented model)

データとそれを処理する手続き(メソッド)を一体化(カプセル化)したものをオブジェクトと呼び、オブジェクトからオブジェクトへの働きかけ(メッセージ)によって種々の処理をする。表構造などでは表せない多様なデータを扱うことができることから、近年注目されている。一般に知られる多くの情報検索機能がこれに由来している。

個人が作成する住所録や資料目録などのデータベースの構築は容易であるが、組織の多くの人々がかかわる大規模データベースの設計は、ユーザ、プログラマ、システムアナリストなどが協力して行うべき重要にして大規模な作業となる。その作業は組織内の個々の人々が生成もしくは参照するデータ間の論理的関係を業務処理にもとづいて定義することであり、これをデータベーススキーマ(databases schema)の開発と呼ぶ。データベーススキーマとはデータベース内のデータ間の関係の論理的観点もしくは概念である[20]。

データベーススキーマは基本的に次の手順で設計される。まず、個々のユーザごとに、かかわっている業務のデータの論理的関係を明らかにする。そして、それらを業務的に関係する部門などで集合してサブスキーマを明らかにする。さらにそれらを組織全体で集合して、1つのスキーマを設計する。最後に、そのスキーマが個々の業務に適合可能かどうかの検証を行って最終的なデータベーススキーマが完成する。

スキーマが決定された後は、個々のアプリケーションプログラムにかかわるサブスキーマを決める。個々のプログラムがデータベース全体にアクセスすることはないので、論理的データ要素および関係の部分を用いることになり、それをサブスキーマと呼ぶ。例えば、銀行の口座確認プログラムでは、顧客データベースのすべてではなく、口座の確認に必要なファイルやレコードだけを使う。

以上のように、データベースはスキーマやサブスキーマで定義される論理的構造をもつ。これは、データが記憶装置のどこにあるかを示す物理的構造とは異なっているのが通常であるから、その関係を支援するソフトウェアが必要となる。この役割を担うのがOSのデータ管理機能である。また、データベースにおける論理的構造と物理的構造の関係の支援だけでなく、スキーマ表現の支援を行うソフトウェアが、データベースマネジメントシステム(Data Base Management System)と呼ばれる。

1.4.3　データウェアハウス、データマイニング

多様な技術の下で、さらにさまざまな関係者の手によって、長い時間をかけて種々のデータが種々の形式で蓄積されてきた。膨大に蓄積されたデータはもはや資産である。それを有効に生かすため、ユーザから「個人や所属する部署が蓄積したデータだけでなく、外部の情報を含めて、さまざまなデータを参照しながら、業務を行いたい」との要望が出てくるのは当然のことである。

これらの要請に応えようとするのが、データウェアハウス(data ware house)、データマイニング(data mining)である。その概要と両者の関係を**図1.4**に示す。

データには、レガシーシステム[13]上で蓄積された各種業務データ、新システム上で次々に蓄積されていくリレーショナルデータベース、オブジェクト指向データベース、インターネットにアクセスすることによって得たHTMLデータなどがある。

これら形式の違うデータを一定間隔で、標準化して共通のデータベースにコピーしたものがデータウェアハウスである。業務で必要となるデータを収集するのに、各部署に構築されている部分データベースにそれぞれアクセスするのに比べ、データウェアハウスでそれを収集できるならば検索時間を大幅に短縮できるメリットがある。

---

13)　C/Sが登場する以前、日常業務は大型計算機(メインフレームや汎用機とも呼ばれる)や中小型のオフィスコンピュータで行われていた。この時代に構築されたソフトウェアがレガシーシステムである。

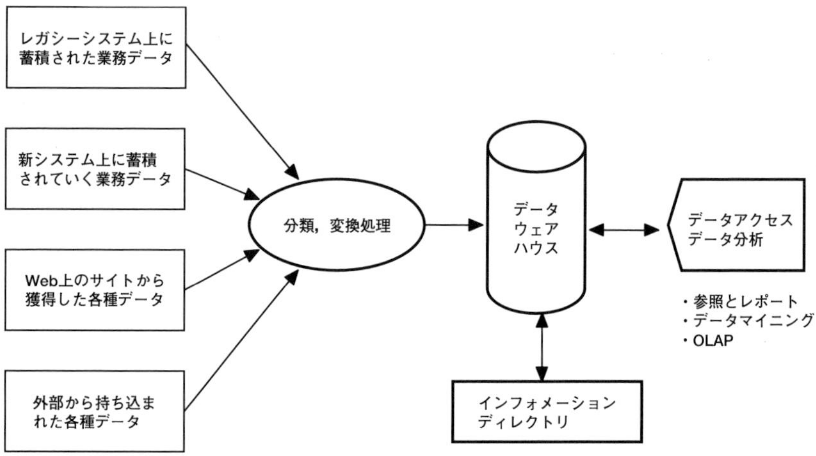

出典） O'Brien, A（1988）：*Information Systems in Business Management*，Irwin の Fig.7-19 を参考に著者作成

図 1.4　データウェアハウスとその利用

一方、データマイニングは、データウェアハウスの中にある膨大なデータから、例えば、消費者の購買行動や個々の顧客がもつ嗜好の変化などを、種々の解析的手法を用いて明らかにすることに貢献する技術をいう。統計的な手法や後述する人工知能を用いた手法などが提案されている。近年、消費者は日々の行動を起こす際に、インターネットや携帯電話を通じて種々のウェブサイトにアクセスするが、それら情報をデータウェアハウスに集約すれば、それらから特定個人の行動をデータマイニングなどによって把握できることも可能になりつつあるが、プライバシー等の観点から、今後大きな社会的問題になっていく可能性がある。

1.4.4　ナレッジコラボレーション

変動する経営環境下では、専門の違う人々、地理的に離れた人々が情報ネットワークによって情報共有し、迅速かつ効率的に課題解決を行うことが必須となる。これをナレッジコラボレーションと呼ぶ。それを担う一つの手段が、グループウェア（Group ware）、チームウェア（team ware）と呼ばれるソフト

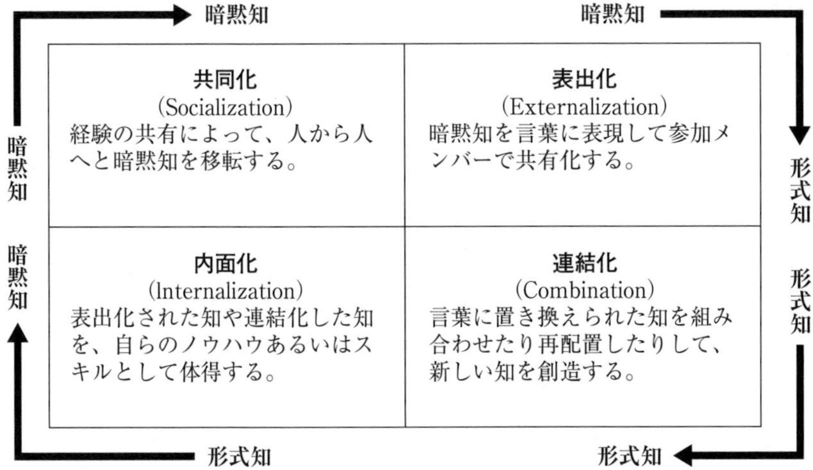

出典）野中郁次郎・竹内弘高（著）、梅本勝博（訳）(1996)：『知識創造企業』、p.93、図 3-2、東洋経済新報社

図 1.5　SECI モデル

ウェアである。

グループウェアなどで情報共有を進める場合でも、どこにどんな情報があるのかがわからないとコミュニケーションの切っ掛けとはならない。それを指示してくれるのが、ナレッジマップや企業ナレッジポータルサイトなどと呼ばれるシステムで、そのためのシステム構築・導入の試みも行われつつある[23]。

ナレッジコラボレーションへの指針を提供してくれると考えられるのは、ナレッジマネジメントである。特に野中郁次郎氏が提唱した**図 1.5** に示す SECI モデルは、実システムを考えるうえでも有用である。SECI モデルでは、知識の変換プロセスを「共同化」「表出化」「連結化」「内面化」の 4 つのフェーズに分類し、この変換プロセスがらせん状に展開されることによって、ダイナミックな知識創造が行われるとしている[24]。

1.4.5　人工知能

人工知能（Artificial Intelligence：AI）、仮想現実（Virtual Reality：VR）、拡

張現実(Augmented Reality : AR)は、ITの発展を象徴する高度なIT活用である。専門書が多数出ているので、詳細は他書に譲るとして、本節でAI、次節でVRとARの概要を述べる。

人工知能に関する確立した定義はない。あえて言えば、人間の思考過程をコンピュータ上で模擬し、種々の問題を解決しようとするコンピュータ技術である。この技術の進展は、数値だけの情報処理から脱却して、より柔軟な情報処理が行えるコンピュータシステムを構築できる可能性をもたらす。

AIという言葉は、1956年のいわゆるダートマス会議とよばれる研究発表会において、米国の計算機科学研究者のジョン・マッカーシーによって初めて使用された言葉であるとされている。その後、この技術にかかわる理論は、60年間の間に出そろい、ハードウェアの進化に呼応して数年ごとにブームをもたらしてきた。近年のブームは、そのなかでも機械学習、特にその手法である深層学習(Deep Learning : DL)の進化である。深層学習、機械学習、人工知能の関係性は、**図1.6**である[25]。

深層学習により、コンピュータがパターンやルールを発見するうえで何に着目するか(「特徴量」という)を自ら抽出でき、何に着目するかをあらかじめ人

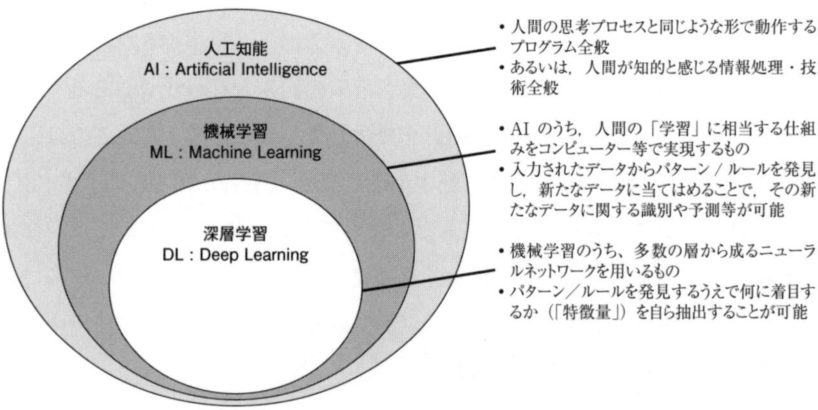

出典)　総務省(2019)：『令和元年情報通信白書』(https://www.soumu.go.jp/johotsusintokei/whitepaper/ja/r01/pdf/index.html)

図1.6　深層学習、機械学習、人工知能の関係性

が設定しない場合でもパターンやルールの識別などが可能になったとされる。

例えば、それまでの機械学習の場合、大量のニンジンとジャガイモの写真をコンピュータに入力することで、コンピュータがニンジンとジャガイモを区別するパターンやルールを発見する。その後、ニンジンの写真を入力すると、「それはニンジンである」という回答が出せるようになる。つまり、あらかじめ人間がコンピュータに「色に着目する」という指示を与えることで、より円滑にニンジンとジャガイモの識別が可能となる。それに対して、深層学習では、この「色に着目するとうまくいく」ということ自体も学ぶことになる[25]。

顔認証を中心として画像認識、製品や製造設備の不良の発見、医療における各種診断、輸送における最適経路の発見など、応用は多岐にわたる。

1.4.6 VR、AR、MR

政府機関では、VR(Virtual Reality : 仮想現実), AR(Augmented Reality : 拡張現実)、MR(Mixed Realty)を次のように定義している[26]。

① VR

CG で作られた世界や 360 度動画等の実写映像を「あたかもその場所に居るかのような没入感」で味わうことができる技術を指す。例えば、VR ヘッドセット(HMD：Head Mounted Display)や、ドーム型・平面のスクリーンを使用して、限りなく実体験に近い体験が得られる。また、視聴覚体験に限らず、触覚や味覚、嗅覚に働きかける技術も存在する。トレーニングやシミュレーションなど、さまざまな産業で利用されている。

② AR

現実世界に、コンピュータで作った文字や映像などのデジタル情報を重ね合わせて表示することができる技術を指す。スマートフォンや、メガネ型の専用デバイスなどを使用して、現実世界をベースに、デジタル情報を付加して視聴することができる。例えば、デバイスを通じて、眼前にある建物・店舗の情報や目的地までの道順を表示したり、遠隔から作業指示やサポートを映像や文字情報で受けたりすることができる。

③　MR

VR、ARを包括する広義の概念であり、仮想世界と現実世界の情報を組み合わせて両者を融合させる技術を指す。カメラやセンサを駆使し、両者がリアルタイムで相互に影響する体験ができることが特徴である。透過ディスプレイで現実を見ながらCGを重ね合わせたり、カメラによる現実映像とCGを重ね合わせたりできるゴーグル型のデバイスが使用されるケースが多い。現実空間が見えることで、現場での作業支援やトレーニングを、より現実に近い直感的な体験として行うことができる。

AR/VR市場は、**図1.7**のように、コンシューマー向けのエンターテイメント用途と企業向けの教育・訓練用途などがともに拡大している。コンシューマー向けではゲームや観光地の疑似体験などでAR/VRが活用されている。企業向けでは、不動産会社のモデルルームを体験できるサービスや、設備点検における作業手順のナビゲーションなどにAR/VRが活用されている[27]。

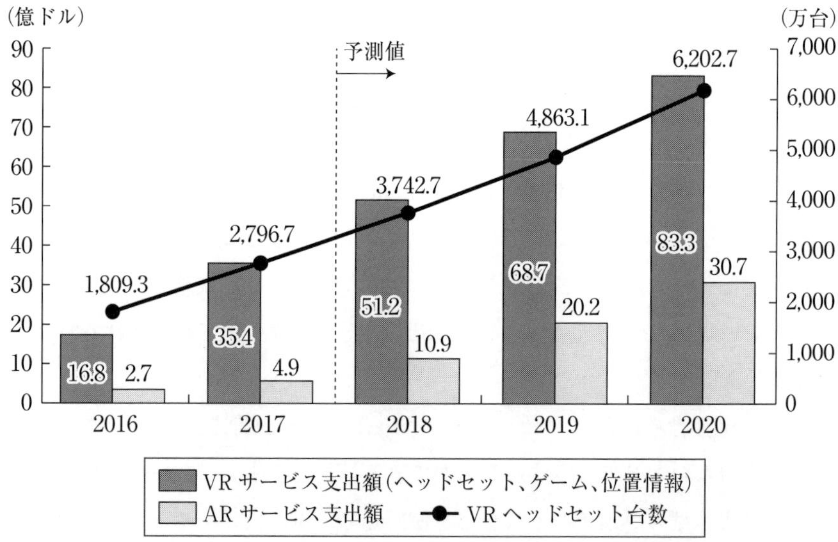

出典）　総務省：「1部1章1節　世界と日本のICT市場の動向」、『平成30年版情報通信白書』、図表1-1-3-22(https://www.soumu.go.jp/johotsusintokei/whitepaper/ja/h30/pdf/index.html)

図1.7　世界のAR/VR市場規模、VRヘッドセット出荷台数の推移および予測

1.5　通信技術とインターネットの発達

1.5.1　情報ネットワークと通信プロトコル

人同士のコミュニケーションネットワークも情報ネットワークであるが、ここでは情報機器を介したコンピュータ情報ネットワークを、情報ネットワークと呼ぶこととする。その情報ネットワークは、インターネットの普及とともに飛躍的に発展し、現代の企業活動にとって付加価値を生み出す源泉ともなっている。本章では、その活用に際して必要になる最低限の知識を提供するが、本節では、まずその発展の切掛けとなったLAN、WANおよび通信プロトコルについて概説する。近年、インターネット、ワイヤレス通信、モバイル通信が飛躍的に進展しつつあるが、それらについては次項以降で述べる。

(1)　LANとWAN

LAN(Local Area Network：構内通信網)が初めて登場したのは1978年のIEEE(Institute of Electrical and Electronic Engineers：米国電気電子学会)誌上であり、今日の形態であるLANは1979年ゼロックス社他が製品化したイーサネットが基本で、今日の主流製品となっている。LANに関する種々の取り決めは、1980年2月にIEEEにLANの国際標準を検討する802委員会が設置され、検討が始まり、現在も技術動向を見ながら検討が続けられている[28]。特に近年ではワイヤレスLANの規格でこの委員会の名前が見られる。

LANは、限られた地域内のコンピュータや制御機器間で大量のデータを高速に授受できる情報ネットワークである。業務拠点のすべてが一カ所に集中しているのであればLANで十分であるが、一般には営業拠点と生産拠点は離れている。そのように離れた拠点間で情報の授受を行う場合、独自のネットワーク、つまり専用線を付設するのは不経済であり、公衆網と呼ばれる公共的な情報ネットワークに頼るのが一般的である。これらの要請に応えるため種々のネットワーク形態が出現しており、それらを総称してWAN(Wide Area Network：広域通信網)と呼ぶ。使用する回線としてNTTなどのコモンキャリアが提供する回線が使用される。その利点は、企業独自でネットワークを構築するよりも保守費や運営費が安く済み、大量の情報を高速で伝送できる高速デジタル回線なども利用できるためである。

(2)　通信プロトコル(通信規約)

異機種のネットワーク機器の相互接続の標準化を目指す指針として提言されたものにOSI(Open Systems Interconnection)参照モデルがある。それはCCITTとISO[14]が協力して進めているネットワークアーキテクチャである[29]。これは、システム間の単なるデータ伝送を可能とするレベルから、各システムが有するファイル、データベース、プログラムなど高度な資源を活用するレベルまでを7層に分割して、それぞれの層ごとにプロトコルを定めるうえでの標準を提示したものである。

1.5.2　インターネットにかかわる技術

インターネットとは、ネットワークのネットワークを意味する言葉であり、それを実現する手段として現在ではTCP/IP(Transmission Control Protocol/Internet Protocol)を標準の通信プロトコルとして採用することが一般的である。TCP/IPは、1969年米国国防総省が先鞭をとり、カリフォルニア大学バークレー校がUNIXに実装して広く普及したことに始まる。TCP/IPはすべてのノード(例えば、パソコンや通信機器)がユニークなIPアドレスをもち、その識別によってノード間の通信を行う条件以外、通信媒体、形態などにかかわる制約が少ないことから、UNIXマシン以外のネットワークの通信手順としても普及し、さらに現実的な異機種接続の解決手段として注目され、インターネットの標準的通信プロトコルとなった。

インターネットでは次のようにして通信を行う。**図1.8**も参照しながら理解

14)　CCITTの正式名称はComité Consultatif International Télégrahique et Téléphonique(国際電子諮問委員会)である。また、ISOの正式名称はInternational Organization for Standardization(国際標準化機構)である。

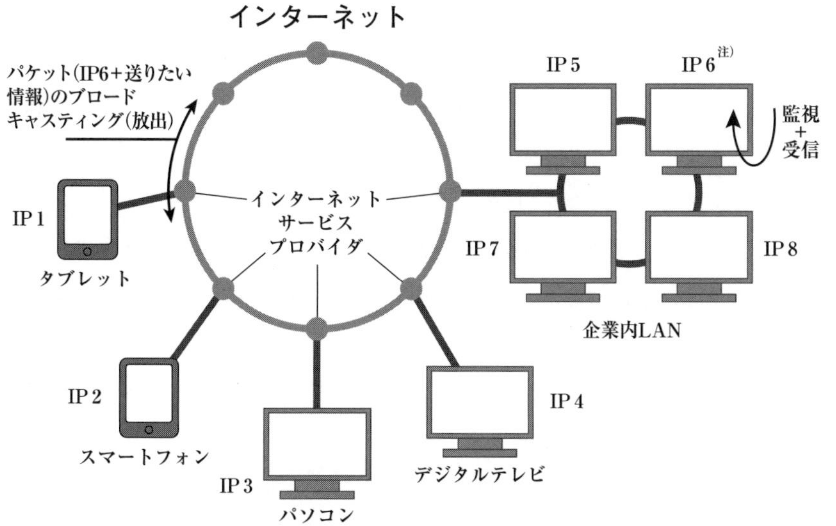

注)　IP6 はインターネットを常に監視し、IP6 の付いたパケットを受信する。
出典)　総務省(2021)：『国民のための情報セキュリティサイト』(https://www.soumu.go.jp/main_sosiki/joho_tsusin/security/basic/service/02.html)の図に筆者が加筆したもの

図 1.8　インターネットの通信の仕組み

して欲しい。

①　個々の通信機器にユニークなIPアドレス(12桁の番号[15])を付ける(**図 1.8** 内の IP1 ～ IP8)。

②　情報を送りたい人や設備がもつ通信機器の IP アドレスの後に送りたい情報を付けて(パケット)、伝送媒体上に放出[16]する(IP1 が、IP6 に情報を送りたい場合、**図 1.8** のようなパケットをインターネットに放出)[17]。

③　各通信機器は常に伝送媒体を監視し、自分の IP アドレスが付いた情報があればそれを受け取る。

IP アドレスは番号であり、覚えにくいため、個々の番号にアルファベット

15)　厳密には、8 ビットの番号(10 進数では最高 256)をピリオドで区切り、4 つ並べたものである。

16)　ブロードキャスティングと呼ばれる。

17)　ブロードキャストされる情報は、パケットに個分けして伝送される。1 パケットの情報量は、128byte である。

の単語を割当て、その番号と単語の照合をDNS(Domain Name Sever)で行うことで利便性を確保している。この通信方法とアプリケーションの組合せによって、電子メールのやり取り(E-mail)、WWW(World Wide Web)を利用したさまざまなウェブサイトの閲覧、コンピュータ間のファイル転送(FTP)、離れたコンピュータの操作(Telnet)などを実現している。

インターネットはその接続性、敷設性の容易さゆえに、この30年の間に爆発的に普及したが、セキュリティの面とIPアドレスの数の点からは大きな問題を抱えている。

セキュリティに対しては、複数の暗号化技術を応用したSSL(Secure Socket Layer)などの方法が開発され、その確保に貢献している。IPアドレスの数については、現行のIPアドレスはIPv4と呼ばれて32ビットで構成されるが、次世代のIPとして128ビットに拡張されたIPv6[18]と呼ばれる規格が開発され、数の問題は解消されようとしている。

1.5.3　インターネットの利用とその通信速度

インターネットの利用はますますその広がりを見せているが、それにともない付随する技術開発も進展している。

(1)　イントラネットとIP-VPN

企業の内部のネットワークにも、この技術を適用しようとする動きが加速し、それをイントラネット(intranet)と呼ぶ。また、そのようななか、インターネットを仮想的に専用線のように使えないかという要請に対応したIP-VPN(Virtual Private Network)といわれる技術が生まれた。IP-VPNを使って通信をすれば、インターネット内では情報は暗号化されるので、セキュリティ

18)　IPv4では、約42億個のIPアドレス(グローバルIPアドレスと呼ばれる)しか割当ができないので、LANとLANを繋ぐWANのなかでの伝送時のみIPアドレスを使う。この場合、データ伝送は、必ずサーバを介して行われる。IPv6では、ほぼ無限のIPアドレスを情報機器に割り当てることができるので、サーバを介さず情報機器同士で直接交信ができる。

は確保される。

(2) SNS

インターネットの広範な普及とともに、「インターネットを利用してさまざまな人々と自由にコミュニケーションをしたい」という要望に応えて開発されたのが、SNS(Social Network Service)である。代表的なSNSにかかわるアプリケーションを挙げれば、Facebook、Twitter、LINE、WhatsApp、Slack、Instagram、TikTokなどである。

個々の詳細は読者のほうがよく知っていると思うので割愛するが、使い方には気を付ける必要がある。インターネットの課題であるセキュリティが同様に問題となる。SNSによって発信された情報は、インターネットに繋がっているすべての情報機器に送られる。一端、発信された情報を消すことはほぼ不可能に近い。これを称して、デジタルタトゥーとも呼ばれる。

(3) 5G

近年、この言葉を聞くことが多いと思う。これは、移動通信システムにかかわる規格であり、第5世代移動通信システムと呼ばれる。2020年3月に商用サービスが開始された。それ以前の4Gは2010年、3Gは2001年がサービス開始年であるので、10年ごとに進化してきたといえる。技術的な内容については専門書に譲るとして、簡単には、4Gと5Gで、**表1.1**のような違いがある。

総務省では、この5Gについて、『令和2年版情報通信白書』[31]で、次のように言及している。

「5Gの我々の生活への浸透ともに、2030年に向けて、次のような社会の移行を目指そうとしている。5Gの生活への浸透とともに、AI・IoTの社会実装が進むことによって、サイバー空間とフィジカル空間が一体化するサイバー・フィジカル・システム(CPS：Cyber-Physical System)が実現し、データを最大限活用したデータ主導型の「超スマート社会」に移行していくこととなる。そこでは、デジタル時代の新たな資源である大量のデータから新たな価値創造

表 1.1　5G の特徴

比較指標	4G	5G	4G と 5G の比較	代表的にできること
速度・容量	100Mbps ～ 1Gbps	10Gbps	約 20 倍	例えば、大容量の映画をダウンロードするのに要する時間が数分から数秒に
遅延度合い	1/100 秒	1/1000 秒	1/10	指示してから稼働するまでに要する時間が短くなることから、自動運転や機械の遠隔操作が可能に
接続数	10 万デバイス /km^2	100 万デバイス /km^2	10 倍	家電や各種センサーなど身の回りの機器に同時接続できることから、ある事象のある時点の多様な情報を一度に収集が可能に

が行われ、暗黙知の形式知化、過去解析から将来予測への移行、部分最適から全体最適への転換が可能となる。これにより、必要なモノ・サービスを、必要な人に、必要な時に、必要なだけ提供することにより、様々な社会課題解決と経済成長を両立する「Society 5.0」が実現する」

1.5.4　IoT

IoT (Internet of Things) とは物のインターネットとも呼ばれる、すべての物をインターネットで繋ごうという概念である。RFID (Radio Frequency Identification)[19] などを代表とする通信デバイスの極小化が、この概念の普及に拍車をかけた。

これに先行する概念にユビキタスコンピューティング (Ubiquitous Computing) がある。これは、ゼロックスのパロアルトリサーチセンタのマーク＝ワイザー (Mark Weiser) が提唱した。

ユビキタスとは「遍在：どこにでもある」という意味で、身の回りのどこに

19) ID 情報を埋め込んだ IC タグから、電磁誘導もしくは電波方式などの無線通信によって情報のやり取りをするものである。非接触 IC カードである近年普及した乗車カードや電子マネーも同様の技術を用いている。

でもある複数のコンピュータが相互に連絡をとりながら、人間の活動をサポートすることを指す。このとき、ウェラブルコンピューティングなどをイメージしがちかもしれないが、現実的には、RFIDなどの技術を用いてコンテキストアウェアネス(context awareness)、つまり「意識しなくても現実世界の状況をコンピュータ内にデータとして取り込み、コンピュータ内の仮想世界と現実の実世界の差異をなくすこと」を目指している。1980年代後半のユビキタスコンピューティングが叫ばれた時代には夢物語であったが、RFIDなどの通信デバイスに加えて、携帯電話などのモバイル技術、ワイヤレス通信[20)]、GPS(Global Positioning System)[21)]など、それを現実化する技術の進展によりIoTと呼ばれるようになった。

これらの技術によって、在庫管理・工程管理などの工場業務の管理、携帯端末などで顧客先と事業所との間で種々の情報をやりとりすることが容易になり、迅速なニーズ情報の収集、迅速な納期回答、無駄の排除が実現できる可能性がある。そのため、多くの企業が、その利用法について模索を続けている。

1.6　情報システムの開発

ITの発達は、アプリケーションシステムや独自に開発した情報システムをますます肥大化させるとともに、企業の業務活動だけでなく、社会活動においても欠かせなくなった。例えば、銀行のシステムが中断されると社会に甚大な影響を与える。そしてITの性能の良否が収益に影響することが認識されると、

---

20)　ブルートゥース(Bluetooth)は、10m～100mの範囲内で、3Mbpsで通信を行うことができる。RFIDタグなどから、この技術を用いてパソコンや携帯電話などにデータ転送できる。また、2.4GHz～5GHz帯の無線でLANを実現するシステムを無線LANと呼ぶ。

21)　米国が打ち上げた人工衛星を利用して、現在位置を知るシステムである。当初軍事目的だけであったものが民間にも利用されるようになり、近年では、カーナビゲーションシステムや携帯電話などに組み込まれ、広く利用されるようになった。この技術と上記の技術を応用すれば、どこを通過してきたかを携帯電話やICタグに記憶し、それを自動的にコンピュータで読み込むこともできる。特に輸送業務への応用、さらには販売された製品がどのような状況に置かれているのかが把握できるようになったのは産業に大きなインパクトをもたらした。

最適なシステムをいかに効率よく構築するかが課題となる。

この課題に対処するのが、第一に、汎用的な情報システムの開発方法論(または伝統的情報システム開発方法論)と呼ばれるものである。それらは業種を特定せず、アプリケーションシステムを合理的に構築することを目指している。第二に、各業界の一般的な業務フローを研究してシステム関連企業が開発したアプリケーションシステム(情報システムパッケージまたはソフトウェアパッケージ)である。汎用的な情報システム開発方法論によってシステム開発は可能になるが、既存の情報システムパッケージをそのまま利用したり、修正したりして利用することでも可能である。

1.6.1　代表的な情報システムパッケージ

複雑な業務を遂行する製造業にかかわるパッケージとして先駆的な役割を果たしたのが、IBM社のCOPICS[33]である。メインフレーム向きのパッケージとして1960年代に開発された。それ以降、主にコンピュータ製造メーカを中心に種々のパッケージが開発され、販売されていく。しかし、メインフレームによる情報処理から、パソコンやワークステーションの普及、クライアントサーバコンピューティングの考え方の登場、インターネットの爆発的普及が次々と起こり、情報処理はこれらに対応した体系に変化していった。そのようななかで注目を浴びてきたのがERP(Enterprise Resource Planning)である。もはやERPは製造業のシステムというよりは、企業の統合システムとしての位置づけが大きい。

本項ではCOPICSとERPの概要について述べる。

(1)　COPICS

COPICS(Communication Oriented Production and Control System)は、統合化された製造業データ処理システムを実現するためにIBMが提唱した一連の概念(コンセプト)である。その基本は、1960年代後半に提示されたPICS(Production Information and Control System)にある。中核となっている管理技術は、**第2章**で述べるMRPである。PICSの通信機能を強化したものが、COPICSである。

(2) ERP

情報システム環境は、メインフレームからクライアントサーバシステムもしくはオープンシステムへ、経営環境はグローバル化へ、それにともなって企業間競争激化の時代に突入した。そのように経営環境が変化するなかで、統合システムに求められる要件として、次が挙がってきた。

① 部門最適から全体最適ができるシステムであること。例えば、会計システムと販売システムでデータ入力、処理プロセスが異なるのでは正確で迅速な売上高分析・利益分析ができない。

② 業務プロセスの効率化、迅速化、合理化に対処できること。

③ 多様な情報処理機器が併存するなかで、ハードウェアに依存しないこと。

④ 事業の拡張、縮小への対処ができること。

⑤ 事業のグローバル展開への迅速な対処、つまり多言語対応、多様な為替処理対応、多様な国々での特有の制度に対応していること。

⑥ サプライチェーンの効率化、合理化の要請、つまり企業間での連携、情報授受が容易にできること。

以上のような要請のなかで、開発され、進展し、導入が飛躍的に伸びたのが、ERPという名でパッケージ化された統合システムである。ERPは、財務・会計はもとより人事管理をも含め、調達から物流・販売までのサプライチェーン全般にわたる日々の基幹業務をリアルタイムに統合して、高度な意思決定支援を可能にする経営情報システムである。

このようなERPは、**図1.9**を実現するパッケージである。つまり財務、生産、物流、販売、マーケティング、人事他のアプリケーションプログラムを、データベースを介して統合するソフトウェアである。これを経営者の視点から見ると、ビジネスの計画と管理を同時並行的に行うための包括的なソフトウェ

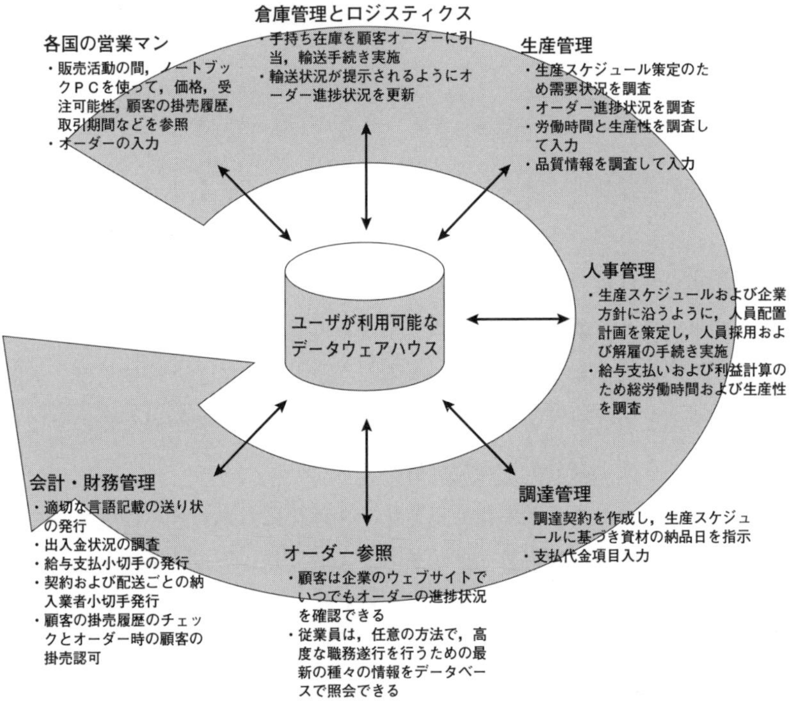
倉庫管理とロジスティクス
・手持ち在庫を顧客オーダーに引当，輸送手続き実施
・輸送状況が提示されるようにオーダー進捗状況を更新
各国の営業マン
・販売活動の間，ノートブックＰＣを使って，価格，受注可能性，顧客の掛売履歴，取引期間などを参照
・オーダーの入力
生産管理
・生産スケジュール策定のため需要状況を調査
・オーダー進捗状況を調査
・労働時間と生産性を調査して入力
・品質情報を調査して入力
ユーザが利用可能なデータウェアハウス
人事管理
・生産スケジュールおよび企業方針に沿うように，人員配置計画を策定し，人員採用および解雇の手続き実施
・給与支払いおよび利益計算のため総労働時間および生産性を調査
会計・財務管理
・適切な言語記載の送り状の発行
・出入金状況の調査
・給与支払小切手の発行
・契約および配送ごとの納入業者小切手発行
・顧客の掛売履歴のチェックとオーダー時の顧客の掛売認可
調達管理
・調達契約を作成し，生産スケジュールに基づき資材の納品日を指示
・支払代金項目入力
オーダー参照
・顧客は企業のウェブサイトでいつでもオーダーの進捗状況を確認できる
・従業員は，任意の方法で，高度な職務遂行を行うための最新の種々の情報をデータベースで照会できる

出典）　Hanna. M. D., Newman, W. R.(2001)：*Integrated Operations Management*, p.54, Prentice Hall を筆者が翻訳した

図 1.9　ERP の目指す業務フロー

アによるアプローチということになる。当初、最も注目を集めたのがドイツ SAP 社の SAP/R3 である。その後、我が国企業を含め、相当数のパッケージが開発、販売され、今に至っている。個々のパッケージは、それぞれ個性があり、得意とする業界、企業規模、機能が異なっている。

ERP を導入する利点は次のとおりである。

① 理想的な業務プロセスを指向して構築されたパッケージであることから、導入することで業務プロセスの改革が進む可能性がある。

② 全社的な導入が達成され、スムーズな運用を行うことができればリアルタイムに企業業績の把握ができる。

③ 多言語サポート、為替処理機能、各国特有の制度へ対処などが計られていて、海外展開したときの情報システムの構築がスムーズである。

④ 情報システムなくして成立し得ない現代企業にあって、M&Aを行う場合、同じERPを用いていればスムーズな企業統合が可能となる可能性があり、それは企業価値を高めることに通ずる。

また、次のような課題が指摘されている。

❶ 現行の業務プロセスがERPの業務プロセスに合致しているのであれば問題ない。しかし、もし違う場合には、ERPの指示する業務プロセスに変更もしくは対処しなければならない。業務改編に向けて担当者の意識を変えたり、高額な開発費を投じてインターフェイスモジュールを開発したりする必要がある。

❷ 現行の業務プロセスを調査もしくは十分な把握したことがない企業にとって、それらを行うには膨大な費用が必要となる場合がある。

❸ ERPが指示する業務プロセスがすべての企業にとって優れているという保証はない。

❹ 多様なベンダーが多様なERPパッケージを販売しており、導入しようとする企業を混乱させている。

以上のような利点および課題のなかで、次のような方策が事実上はとられている。

- 海外工場、海外事業所に対しては、ERPを全面的に導入し、国内事業所においては独自のシステムを存続させ、両者の連携を取る。
- 性急に大きな効果を求めるのではなく、「会計」「人事」「販売」……というように段階的に導入する。
- 中堅企業では導入がしやすいといわれる。その一方で、大企業において導入を促進するには、企業の組織単位でERPの導入がスムーズに進むように分割する必要がある。

1.6.2　コンピュータ情報システムの開発プロセス

一般的にソフトウェア開発は、知的生産物ゆえに手工業開発の域をなかなか脱しないばかりか、可視性が低く、その検査や検証が難しいなどの特徴がある。その一般的開発手順として、**図1.10**の段階がとられると考えてよく、各段階をフェーズと呼ぶ。各々のフェーズを滝とみなすことで、全体を上流から下流にいたる滝の連なりとしてとらえることができる。

このシステム開発の方法論は「ウォータフォール型ライフサイクルモデル」22)と呼ばれ、1960年代後半にソフトウェア工学が提唱されて以来重要視され、用いられてきた[35]。その要点は以下のとおりである。

①　各フェーズ間で渡される情報は上流から下流へと流されるべきであっ

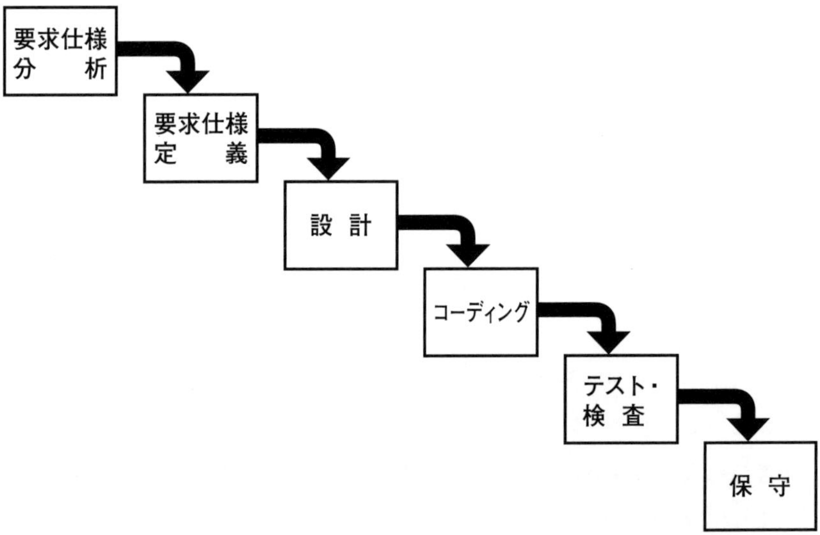

図1.10　ソフトウェアのライフサイクルモデル

---

22)　情報システムの開発を単なるプロセスとして捉えずに、一般的な工業製品でユーザが使用する期間を製品ライフサイクルと呼ぶことになぞらえて、システムの開発全体をライフサイクルとして捉えた開発方法論のことである。SLDC(Systems Development Life Cycle)法と呼ばれる場合もある[35]。

て、下流から上流へと逆流すべきではない。

② 最上流フェーズは要求分析、定義フェーズであり、ここで開発しようとするソフトウェアへのユーザの要求を完全に定義して、次の設計フェーズ以降でその実現方法を定める。すなわち、「何を(what)」「どのように(how)実現するか」にあたり“what”と“how”を分離している。

③ 開発上の問題点の多くは、上流の軽視によって生じる。上流をしっかりと開発すれば下流の開発は楽になり、問題が生じなくなる。

「ソフトウェアの開発過程をウォータフォール型モデルとして管理するべきである」という考え方は長い間評価され、これにもとづくソフトウェア開発についての多くの方法論が提唱されてきている。しかし、近年、このモデルにはいくつかの欠点があることが、多くの人々のさまざまな経験の蓄積によって指摘された[36]。代表的な批判は、次のようなものである。

❶ “what”と“how”の分離は、現実には難しい。ユーザの要求(what)を最初から厳密に定義することは困難である。何を(what)なすべきかの詳細をユーザ自身も完全に把握しているわけではない。

❷ 実現方式(how)を設計してみた結果、要求仕様(what)へフィードバックをかけざるを得ないことがある。この場合には、下流から上流への逆流が起こる。

❸ 上流に力を入れれば下流が楽になることは確かである。しかし、上流を設計するのに必要とされる知識や経験が不足している場合には、力の入れようがない。

❹ 対話型のプログラミング環境が充実した現在では、核となる機能に必要に応じて機能を追加する増殖型開発方法論が効率的な場合がある。

上記の批判に加えて、システム開発は一つの業務を対象とするものではなく、企業全体の業務システムを統合的に支援する大規模コンピュータ情報システムの開発であり、それに対応した種々の設計技法が提案されている。また、インターネット利用の広がりによるＥコマースの進展、そして製造業務の急速なグローバル化は、システム開発においても迅速さ、システム拡張の容易さを要請している。そのため、それら要請に応える開発方法論も近年進展しており、これらについては次項に概説する。

1.6.3　情報システム開発のための代表的方法論

(1)　情報システム開発プロジェクトの要点

情報システムが新たな付加価値を生む源泉ともなってしまった現代、読者もそのシステム開発のプロジェクトにかかわることが多いであろう。また、予期せぬシステムダウンで業務の遂行ができなくなってしまった場合など、「どこにその原因があるか」などをユーザ視点から検討する必要があることからシステム開発にかかわる知識は重要である。その際に最低限知っておくべき要点をまずは認識しておこう[37]。

① 人月非互換の原則：開発工数の計算の単位には一般に人月が用いられるが、開発担当者の能力に依存するがゆえに、例えば、20 人× 10 カ月は 200 人× 1 カ月と同等ではない。

② 要求定義の確定と定義技法の重要性：ソフトウェアへ要求する機能を明らかにする要求定義の段階のエラーは、ユーザへのレビューの段階で発見できる。発見が後の段階になるほど修正コストは膨大となる。

③ フェーズドアプローチの採用：フェーズ、ステップ、作業と進捗状況を管理し、それぞれにチェックをかけていく。

④ 可視性の向上：システム要件を合理的に明らかにしていく構造化分析技法や、プログラムの記述を構造的に行う構造化プログラミングなどによって、関係者以外の人が見てもシステムの内容が理解できるように可視性の向上を計る。

システム開発を成功させるには、各段階はもちろん、さらに細分化したステップごとに、日程・コスト・品質などについて目標を設定してプロジェクト管理を行う必要がある。各段階には、間違ったシステムの危険性、技術的失敗の危険性、累積コストの問題があり、それらを各段階で評価していく必要がある。

(2) 種々の情報システム開発方法論

コンピュータ情報システムの開発方法論は、コンピュータ製造メーカ、大学、コンサルタントなど、多方面から数百の方法論が提案されている。多くが先のウォータフォール型モデルに対する批判的検討から提示されたものである。言わば伝統的方法論、別の見方をすればプロセス指向やデータ指向にもとづく方法論に対する批判的検討である。一方、近年のオブジェクト指向方法論に代表されるような迅速性とユーザ親和性を指向する方法論が、経営環境の変化に対応するものとして注目を浴びつつある。

① ウォータフォール型モデルに対する批判的検討から提示された方法論

この方法論について、Avison らの分類をもとにして島田が5つに分類[38]している。「Ⅰ．マネジメント指向」「Ⅱ．参加指向」「Ⅲ．プロトタイピング指向」「Ⅳ．構造化システム分析」「Ⅴ．データ中心」である。詳細は他書に譲るとして、ここでは、「Ⅲ．プロトタイピング指向」にもとづくシステム設計法について考えてみよう。

システムへの要求仕様の漏れ、構造欠陥など、システム開発過程の早い段階であるならば、その修正コストなどは低く押さえることが可能である。したがって、実際のシステムが完成するまえに、試作を行ってエンドユーザに稼動してもらい、その結果を実際のシステムの開発に反映させようとする方法である。プロトタイピングは「コンピュータソフトウェアの関連部分のうちで、早期に実際的なデモンストレーションを提供するプロセス」と定義される。当初、プロトタイプを作成するのに実際のシステムを作成するのと同等の費用が掛かってしまったが、第4世代言語、RDB、CASE(Computer Aided Software Engineering)ツール[23)]が使われるようになってから大幅に削減できた。この方法はユーザにとってわかりやすい。しかし、プロトタイプだけでシステムの良否

---

23) 要求仕様、定義、設計、コーディングに至る情報システムの全開発過程を自動化もしくは半自動化するソフトウェアであり、より使いやすいものを求めて研究開発が盛んである。

を判断し、エンドユーザがシステム開発に参画しないならば、ユーザとシステム開発者との間の相互学習の効果は薄れるし、極度にエンドユーザ指向になってしまい、効率的情報資源の配分や長期的な経営戦略の観点からのシステムが構築できないなどの危険があることを念頭に置く必要がある。

②　迅速性とユーザ親和性を指向する方法論

これに分類される方法論として、オブジェクト指向、RAD、ウェブサービスアプリケーション指向などが挙げられる。インターネットやイントラネットのアプリケーションは数週間から数カ月で開発しなくてはならず、頻繁な変更も必要になる制約から、これらの方法論が生み出された。

これらの方法論のなかで注目するべきものは、オブジェクト指向方法論である。この方法論は、データとそれを処理するメソッドを一体化したオブジェクトを、システム分析および設計の単位として用いる。情報システムはオブジェクトの集合としてモデル化される。開発手続きは、分析、設計、実装の３フェーズで構成される。これは、前出のプロセス指向やデータ指向の方法論より、反復的かつインクリメンタルである。

まず分析過程では、システム開発者はシステムへの要求機能を洗い出すが、その際にユーザとの対話によって、データとそれを処理するメソッドを含むオブジェクトが同定される。設計フェーズでは、「オブジェクトがどのように振る舞うか」「お互いにどのように関係するか」を表現するとともに、似たオブジェクトはクラスとしてグループ化される。この際に、既存のオブジェクトの再利用や更新も可能であり、これはオブジェクト指向開発の最大の利点となる。

実装フェーズでは、プログラムコードに変換され、同時にオブジェクト指向データベースの生成も行われる。この方法の最大の利点は、前述したようにオブジェクトが再利用可能であるから、システム開発の時間と費用を短縮できる点にある。また、ユーザと常に対話しながら、設計し、実行する手続きを繰り返すことで、ユーザフレンドリーなシステムが実現できる可能性を秘めている。

①にしても、②にしても、迅速かつ合理的にシステムを開発できる要素となる方法論にすぎない。実際のシステム開発では、「どのように開発の手続きを設定して進めるのか」「システム開発者やユーザはそれにどう関わるのか」を指示しておく必要がある。これらについては最新の多様な方法論が提案されている[39]。しかし、「そのような方法論は役に立たず、最終的にはシステム開発者の経験に依存するところが大きい」と主張する実務家も多い[40]。

●参考文献

[1] 大阪市立大学商学部(編)(2003)：『ビジネスエッセンシャルズシリーズ2　経営情報』、「第Ⅰ部第1章　情報とは」(稲村昌南(著)、太田雅晴(編著))、有斐閣

[2] 藤田恒夫(1997)：『経営情報基礎論』、p.15、酒井書店

[3] 北原宗律(1999)：『情報社会の情報学』、pp.30-31、西日本法規出版

[4] 小池澄男(1995)：『新・情報社会論』、pp.58-60、学文社

[5] ノバート・ウィナー(著)、池原止才夫(訳)(1954)：『人間機械論　サイバネティクスと社会』、みすず書房(原著 Winner, N.(1949)：*The Human Use of Human Beings, Cybernetics and Society*, Houghton Mifflin&Co)

[6] C. E.シャノン、W.ヴィーヴァー(著)、長谷川淳、井上光洋(訳)(1969)：『コミュニケーションの数学的理論』、明治図書出版(原著 Shannon, C. E., and W. Weaver (1967)：*The Mathematical Theory of Communication*, The University of Illinois Press)

[7] アドリアン・M.マクドノウ(著)、松田武彦、横山保監、長坂精三郎(訳)(1965)：『情報の経済学と経営システム』、好学社(原著 McDonough, A. M.(1963)：*Information Economics and Management Systems*, McGraw-Hill)

[8] Davenport, T. H. and L. Prusak(1998)：*Working Knowledge*, Harvard Business School Press.

[9] 中野収(1996)：『メディアと人間：コミュニケーション論からメディア論へ』、有信堂

[10] ジョン・グリーン(著)、武邑光裕(監修)、小田嶋由美子(訳)(1998)：『メディアはどこまで進化するか』、三田出版会(原著 Green, J. O.(1997)：*The New Age of Communication*, Herry Holt & Co)

[11] 高木晴夫、木嶋恭一、出口 弘(監修)(1995)：『マルチメディア時代の人間と社会：ポリエージェントソサエティ』、日科技連出版社

［12］　前掲［1］の「序章　企業経営と情報―経営情報化と情報観の展開」（高橋敏朗）、pp.1-13
［13］　Littlefield, C. L., & R. L. Peterson（1956）：*Modern Office Management*, Prentice Hall.
［14］　Terry, G. R.（1970）：*Office Management and Control, 6th ed*, Richard D. Irwin.
［15］　定道宏（1989）：『情報処理概論』、p.3、オーム社
［16］　O'Brien, J. A.（1988）：*Information Systems in Business Management*, p.275, Irwin.
［17］　Laudon, K. C., Laudon, J. P.（2004）：*Management Information Systems, 8th edition*, p.192, Prentice Hall.
［18］　前川良博（編著）（1989）：『経営情報管理』、p.238、日本規格協会
［19］　北岡正敏（1991）：『ハードウェア／ソフトウェアの基礎』、pp.222-223、日本理工出版
［20］　前掲［16］の p.271
［21］　前掲［16］の p.236
［22］　総務省（2018）：『平成 30 年度情報通信白書』（https://www.soumu.go.jp/johotsusintokei/whitepaper/ja/h30/pdf/index.html）
［23］　山崎秀夫（2002）：「企業ナレッジポータルによる知識資本の活用」、『知識資産創造』、2002 年 9 月号、pp.19-29
［24］　野中郁次郎（1999）：「組織的知識創造の新展開」、『ダイヤモンドハーバードビジネスレビュ』、1999 年 9 月号、pp.38-48
［25］　総務省（2019）：『令和元年情報通信白書』（https://www.soumu.go.jp/johotsusintokei/whitepaper/ja/r01/pdf/index.html）
［26］　近畿経済産業局報告書（2020）：『VR・AR 等の先進的コンテンツを活用した取組実態及び知的財産権活用に関する調査』
［27］　総務省（2018）：『平成 30 年度情報通信白書』（https://www.soumu.go.jp/johotsusintokei/whitepaper/ja/h30/pdf/index.html）
［28］　ネットワークエンジニア養成シリーズ編集委員会（編）（1990）：『企業内ネットワーク基本技術』、p.121、日刊工業新聞社
［29］　M. T. ローズ（著）、西田竹志、長谷川聡、中井正一郎（訳）（1990）：『実践的 OSI 論：開かれたシステムをめざして』、pp.3-15、トッパン（原著 Rose, M. T.（1990）：*The Open Book: A Practical Perspective on OSI*, Prentice Hall）
［30］　総務省（2021）：「国民のための情報セキュリティサイト」（https://www.soumu.go.jp/main_sosiki/joho_tsusin/security/basic/service/02.html）
［31］　総務省（2021）：『令和 2 年版情報通信白書』（https://www.soumu.go.jp/johotsusintokei/whitepaper/r02.html）
［32］　MT マガジン（2021）：「5G で変わる都市と移動の未来」：（https://mobilitytrans

formation.com/magazine/5g/)
[33] 日本IBM(1978):『通信指向生産情報管理システム(COPICS)』
[34] Hanna, M. D., Newman, W. R.(2001):*Integrated Operations Management*, p.54, Prentice Hall.
[35] 遠山暁、村田潔、岸眞理子(2008):『経営情報論　新版』、p.112、有斐閣
[36] 菅野文友(1987):『ソフトウェアの生産技法』、pp.44-55、日科技連出版社
[37] 味村重臣、酒井博敬、山田進(1989):『経営系の情報処理概論』、pp.133-137、オーム社
[38] 高原康彦、國友義久、立川丈夫、溝口徹夫(1991):『システム設計の理論と実際』、pp.8-13、近代科学社
[39] ロジャー・S.プレスマン(著)、西康晴、榊原彰、内藤裕史(監訳)、古沢聡子、正木めぐみ、関口梢(訳)(2005):『実践ソフトウェアエンジニアリング』、日科技連出版社(原著 Pressman, Roger S.(2005):*Software Engineering, 6th edition*, McGraw-Hill)
[40] 太田雅晴(2021):「情報経営学の対象・方法・展望—学会のビジョン、近年の技術動向、社会環境、研究環境からの一考察—」、『日本情報経営学会誌』、pp.26-33、41巻2号

●演習問題

問 1-1　あなたは企業経営に有用となる社内ネットワークを含む情報システムの構築を検討しているものとする。情報の特質を考えたとき、システム構築に際して最も配慮しなくてはならない特質は何か。また、なぜその特質が重要か。

問 1-2　情報の価値はどのように算定されるか。

問 1-3　あるコンビニエンスストアでは顧客購買履歴データを記録している。そのデータを、情報、知識に変換するには、どのような手続きもしくは方法を用いればよいか。

問 1-4　インターネットメディアの特徴は、それまでのメディアと比較して何が優れ、何が劣るか。また、劣る点をカバーするためにどのような方法がとられているか。

問 1-5　あなたの勤務先、もしくはアルバイト先での情報の扱い方は、どのような情報観にもとづいていると考えられるか。

問 1-6　あなたのスマートフォンを例にすると、あなたが入力したデータは、どのように出力に変換されるか。**図 1.2** をもとに考えなさい。

問 1-7　あなたのパソコン、スマートフォンの OS は何か。

問 1-8　近年、シンクライアントという言葉がよく聞かれる。それはどのようなデータの処理形態か。また、なぜそれが重視されるようになったか。

問 1-9　リレーショナルデータベースとオブジェクト指向データベースのデータの整理法の違いについて説明しなさい。

問 1-10　近年、AI が注目され、その有用性が主張されるようになったが、その有用性を高めている AI の手法は何か。

問 1-11　インターネットによる情報の授受の仕組みを、「IP アドレス」「ブロードキャスティング」などの言葉を用いながら説明しなさい。

問 1-12　ERP とはどのようなシステムであり、それを導入すると企業の業務はどのように変化するか。

問 1-13　ウォータフォール型ライフサイクルモデルが、システム開発においては重要視される。特に、どのフェーズが重要か。また、その理由は何か。

問 1-14　近年、銀行や航空会社など大規模なシステムダウンが頻発し、社会的影響も大きい。システムダウンの例を一つ取り上げ、その原因がどこにあったのかを本書で得た知識から考えよ。

第2章
経営活動を合理的・効率的に行うための基本的取組み
—オペレーションズマネジメント—

2.1　オペレーションズマネジメントとは

我々の日々の生活は、食品、服、電化製品などの生活物資を購入し、電気、水、ガスの供給を受け、電話やインターネットで多くの人達とコミュニケーションし、銀行を通じて個人や組織などの主体間でお金のやりとりなどを繰り返すことで成り立っている。これら活動は、オペレーションズマネジメントができているから可能なのだといえる。

オペレーションズマネジメントの定義を、この分野の世界的リーダーであるD. Samsonは次のように言い表している(**図2.1**参照)[1]。

「オペレーションズマネジメント」とは、伝統的な資源(労働力、設備、施設、材料、部品、時間)や近年重要視されている資源(知識、技能、顧客関係、評判)などを入力することで、製品、サービス、情報、経験などの出力に変換

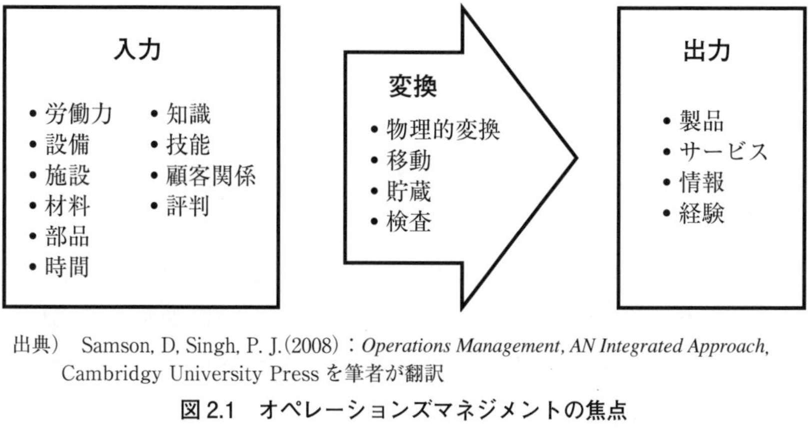

出典）　Samson, D, Singh, P. J.(2008)：*Operations Management, AN Integrated Approach*, Cambridgy University Press を筆者が翻訳

図2.1　オペレーションズマネジメントの焦点

することである。この変換には、物理的変換、移動、貯蔵、検査などがある。サービス分野では、より個人的さらには心理的レベルの変換もあり得るだろう。入力の総数より出力が大きくなったとき、その変換で価値は創造されたといえる。

以上から、オペレーションズマネジメントは、「入力から出力への変換の計画、組織化、調整、およびコントロールである」と包括的に定義できる。「マネジメント」そのものの定義にもさまざまな議論があるが、本書では、「経営者が履行する経営資源の計画、組織化、調整、そしてコントロールのこと」とする。

本章では、製造業のオペレーションズマネジメントに焦点を当てる。なぜなら、製造業のそれは、多様かつ複雑であり、それらを学習することによってオペレーションズマネジメントの基礎を習得でき、その知識は他業種へ展開できるからである。

製造業のオペレーションズマネジメントにおける基本的要素の体系を表したものとして、人見の「生産における諸機能関連図」(**図 2.2**)がある[2]。これは、生産を構成する機能の関係性をまとめている。これら機能は、「製造業者が素材を入手し、製品に変換する変換プロセスの要素プロセス」を表している。関係性が強い機能をグループ化すると、「設計プロセス」「製造プロセス」「生産・販売プロセス」「調達プロセス」「流通プロセス」に分けられる。

ここでは、まず、「設計プロセス」「製造プロセス」「生産・販売プロセス」に焦点を当て、それらのプロセスを構成する手続きの概要、およびIT活用などの近年の動向を学習する。次に、MRPやJITなど複数のプロセスを総合的に扱う手法、および調達プロセスや流通プロセスなども含めた物の流れの最適化を目指すTOC、OPT、SCMなどの概念について学習する。また、変換プロセス全般を包括的・合理的・科学的に行う指針として、TQM、TPM、シックスシグマなどのマネジメントシステムも解説する。本章の最後では、以上に挙げたさまざまな概念の根幹をなす方策としての問題解決手続き、および改善活動について学習する。

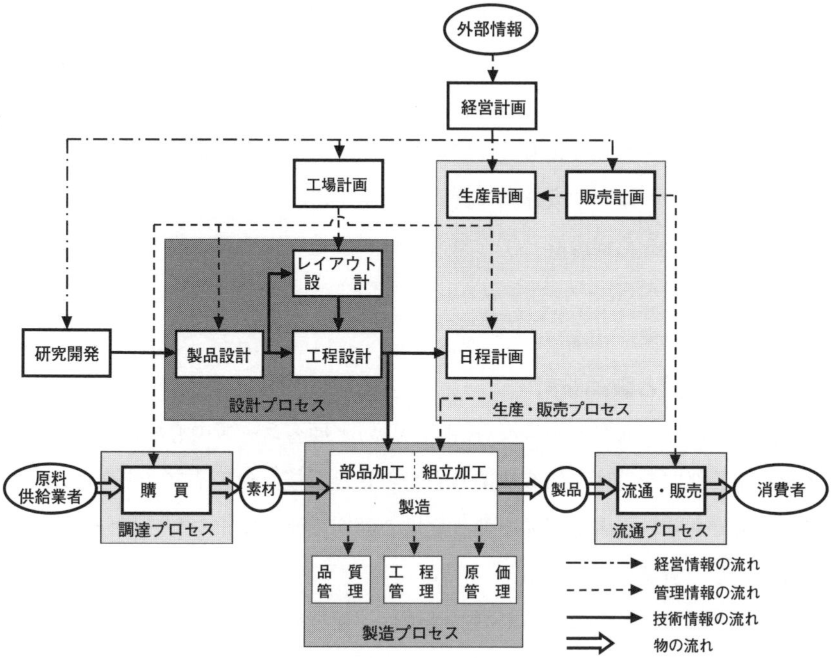

出典）人見勝人(1991)：『入門編生産システム工学』、共立出版の p.29(図 1.15)に筆者加筆

図 2.2 製造業を構成する変換プロセス

2.2 オペレーションズマネジメントの基本的要素

2.2.1 設計プロセス

設計プロセスは、設計機能を構成するプロセスであり、次の手順からなる。

① 製品企画

種々のアイデア、技術、市場のニーズをもとに、生産する製品のコンセプト、仕様、性能、品質、原価目標などを決める。

② 製品設計

製品企画で提示された要件を満たすよう製品の具体的な機能、形状、材質、品質などを明らかにし、製造が可能なように図示する。

③ 工程設計

製品を設計どおり生産するため、複数の製造設備や作業員による加工作業もしくはマテリアルハンドリングの手順を決定する。

④　作業設計

作業員が加工作業もしくマテリアルハンドリングを行う場合、効率的かつ疲労のないよう作業の詳細を決定する。

以上のうち、③工程設計と④作業設計は、製造プロセスの設計であり、この詳細は次節で述べる。

(1)　製品企画と製品設計

製品企画には、研究室主導型(技術主導型)と顧客ニーズ主導型がある。前者は研究開発部門や外部の研究機関のもたらした新技術やアイデアをもとにした製品企画であり、後者は製品を使う立場の顧客の改善要求やニーズ分析の結果をもとにした製品企画である。

研究室主導型(技術主導型)の製品企画は、新技術やアイデアが顧客ニーズに必ずしも結びつくわけではないなどのリスクを伴うことから、近年では顧客ニーズ主導型に重点が置かれ、種々の取組みがなされている[3][4]。

アイデアが創出されたら、製造が可能となるように製品設計がなされる。その製品設計は３つに区分され、それぞれ次の役割を担う[5]。

①　機能設計

製品が目的の機能を果たすことを保証する形状および素材を決定する。一般的に設計といった場合、これを意味することが多い。

②　生産設計

生産を経済的に行うための設計であり、例えば、部品点数の削減などがこれに対応する[5]。

③　意匠設計

インダストリアルデザインとも呼ばれ、購買意欲をそそるような形状、色、質感を与えることや、使用する場合の疲労軽減、安全の確保を目指した人間工学にもとづく設計である。

これら製品設計を含め、製品開発には膨大な時間と人を要するのが普通である。自動車の生産が開始されるまでの手続きの一例を**図 2.3** に示す[6]。この図から、製品のアイデアを創出し、設計し、生産開始に至るまでには数年もの時間が必要で、さらに技術の基礎研究まで含めれば膨大な時間がかかることがわかる。その工程も、例えば製品設計、工程設計、作業設計と順次進むのではなく、実際は設計、試作、生産準備、原価計算などが並行して行われることがわかる。近年、限られた人員のなかで多様な製品を迅速に設計することが求められており、マルチプロジェクト戦略などの設計組織戦略の重要性が指摘されている[7]。

(2)　設計プロセスにおける近年の要点

近年の環境保護運動の高まりとともに、リサイクル可能な製品の設計が求められている。それにともない、製品の設計プロセスの設定では、特に、①三次元 CAD、② CAD/CAM、③コンカレントエンジニアリング、④リバースエンジニアリング、⑤環境保護を考慮した設計、が近年重視されている。これらの概要は以下のとおりである。

①　三次元 CAD

IT の発達により、パソコンレベルのコンピュータでも三次元物体(立体)を高速に描画することが可能になった。設計者が製品を、二次元(平面)ではなく、実物体に近い三次元(立体)の世界で検討できる場合、多くの利点が得られる。最大の利点は、製品イメージを具体化できる結果、顧客の要望をより考慮できるようになったことである。また、可動する部位に対してその不具合チェックがあらかじめできるため、強度計算等のソフトウェアと連携することで設計した構造案の妥当性なども検討できる。

三次元 CAD の実用は当初、ガラス瓶などの比較的簡単な構造物に限られていたが、近年では自動車など複雑な製品の設計にも利用されている。さらに、この技術は製造現場での作業員の作業やロボットなどの動

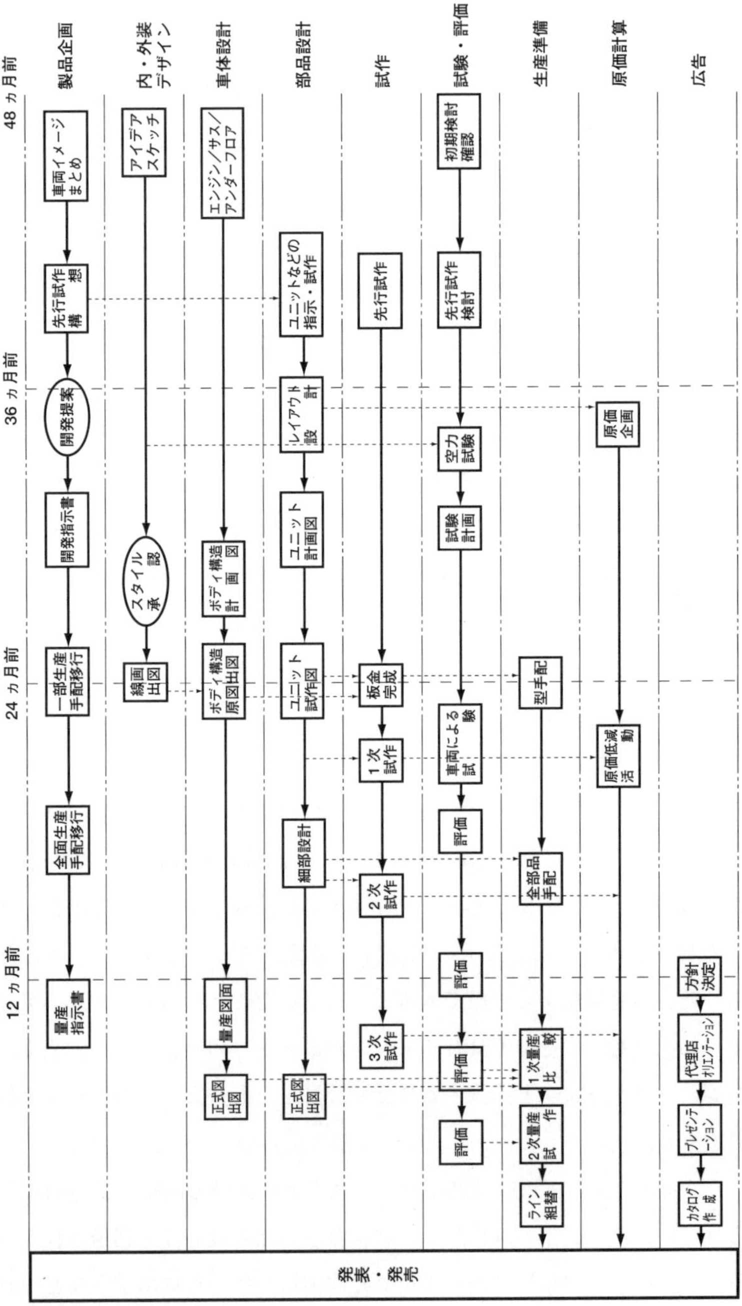

出典）三栄書房（現三栄）：『MotorFan』、1990年1月号、Vol.44、No.1、pp.34-39をもとに筆者作成

図 2.3　自動車の設計プロセスの例

きの妥当性検証などにも応用されている。

以上のような技術上の種々の利点・可能性に加えて、最も期待されるのは設計プロセスの合理化とスピードの向上である。さらには、組織全体の業務プロセスの改善・改革、三次元画像を顧客と共有することで顧客のニーズに的確に沿った製品の迅速な市場への供給など、多様な利用が検討されている。**図 2.4** にある機械部品の三次元 CAD の一例を示す。

②　CAD/CAM

CAD(Computer Aided Design：コンピュータ支援による設計）と

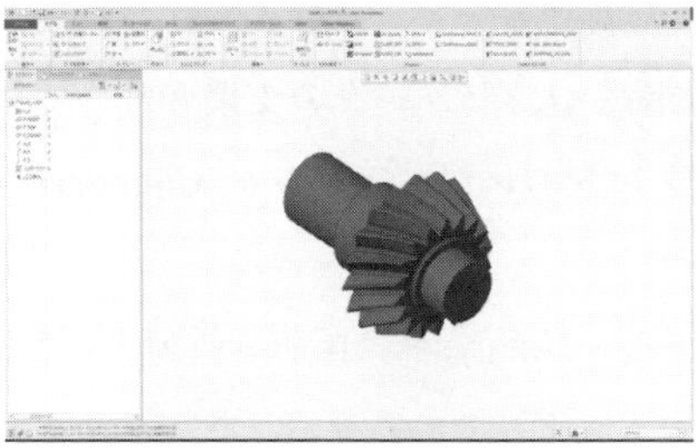

① 3DCAD による製品の設計

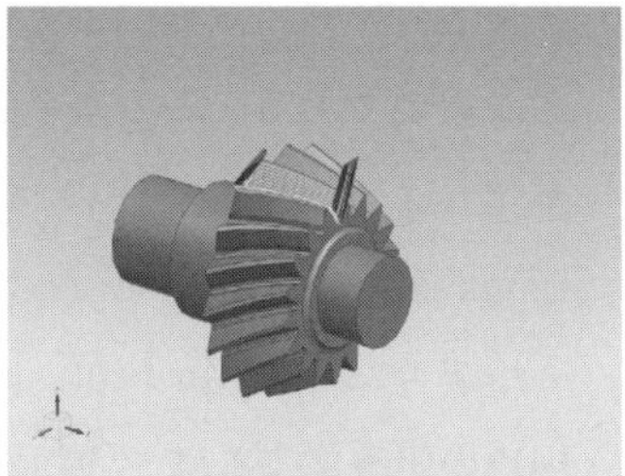

② CAM による工作機械のツールパス(切削工具の軌跡)の作成

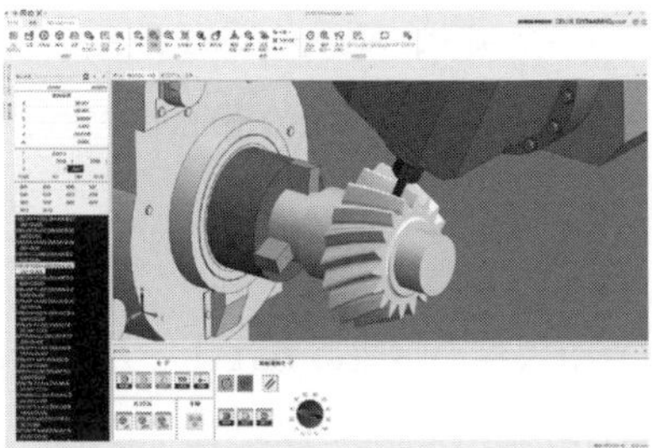

③ CAM による加工シミュレーションの実行(動作確認、干渉確認)

④ CNC 工作機械による実加工

内容）　かさ歯車の CAD(ソリッドモデル作成)から、CAM ソフトによる加工の準備データ作成、それを用いた実加工

写真提供）　DMG 森精機株式会社

図 2.4　CAD/CAM(例)

CAM(Computer Aided Manufacturing：コンピュータ支援による製造)の統合であり、コンピュータの支援の下に設計を行い、そのデータから自動的にNC工作機械を稼動するデータとなるNCプログラムを生成しようとするものである。これによって設計後すぐに製造に移行できることから、多品種少量生産への有効な対策とされ、開発が進められている。**図2.4**では、CADシステムからCAMデータの出力がなされ、それが工作機械に送られて実加工される例を示している。

③　コンカレントエンジニアリング

顧客の要望に合う製品をできるだけ迅速に商品化しようとする場合、各種設計段階、試作、生産準備、原価計算など、並行して行われることが重要である。この水平的な交流をコンピュータの支援も含めて体系化しようとする方法にコンカレントエンジニアリング(Concurrent Engineering)がある。

1986年のIDA(Institute for Defense Analyses：国防分析研究所(米国))の定義によれば、「製品とその下流工程である製造、さらにサポート工程を並列に設計するシステマティックな手法」とされる[8]。各プロセスの並行的実行は**図2.3**にも見られるように決して新しい概念ではないが、高度な技術、製品の複雑性の増大、組織の拡大などに対処するには、より自動化された各種プロセスの並行的実行環境の構築が必須であることを説く概念である。

④　リバースエンジニアリング

今まで設計プロセスから製造プロセスへの情報の流れは一方通行であった。先の三次元CADにかかわる技術、構造物の応力解析などを支援するCAE(Computer Aided Engineering)にかかわる技術は、できた製品から設計プロセス、製造プロセスに利用できる情報を取得して環流させる技術を発達させており、リバースエンジニアリングと呼ばれる。

この技術によって、他社製品の機能分析・応力解析などができるため、他社製品の利点と弱点を把握できる。また、自社製品が設計どおりに作られているかどうかも把握できるので、製造プロセスの問題点を検討できるようになる。

⑤　環境保護を考慮した設計

産業社会および科学技術の進展に伴い、生産される製品の種類とその量は急激に増え続け、同時に廃棄される製品の量も増え続けている。その結果、資源の枯渇、廃棄される製品の放置による環境破壊が大きな社会問題としてクローズアップされている。その有望な対策の一つに、使われなくなった製品やそれを構成する部品の積極的なリサイクルがある。

リサイクルのやり方には、製品を生産した企業自らが行う方法と、そのための社会システムを整備する方法とがある。どちらの方法をとるかは、製品の種類、社会の認識、企業理念、収益性などによるものの、リサイクルできるかどうかは製品設計によって80%が決まるとの報告[9]もある。そのため、製造業の設計プロセスの施行にかかわる者は、この認識を明確にし、必要な策を実施する責任がある。

2.2.2　製造プロセス

製品の設計が完了したら、製品を設計どおりに生産するために、一連の手順(製造プロセス)を決定する。

一般に素材の状態から製品を完成させるまでには、複数の製造設備を利用した作業員による加工作業もしくはマテリアルハンドリングを経る。これは一般的に、複数の合理的な手順がある。これらの手順については、製造設備の選定とともに工程設計を検討し、その設計をもとに各手順を構成する作業の詳細を設計(作業設計)することで、一つの製造プロセスを仕上げていく。

(1)　工程設計

素材を製品に変換するためには、必要な作業の列挙とその手順の設定(この作業を製造設備で行う場合には、さらに適切な製造設備の選定)が必要となる。

作業およびその手順の記述は、**表2.1**に示すような工程記号が用いられ、移

表 2.1　工程記号

要素工程	記号の名称	記　号	意　味	備　考
加　工	加　工	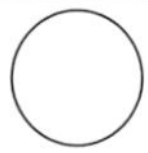	原料、材料、部品又は製品の形状、性質に変化を与える過程を表す。	
運　搬	運　搬		原料、材料、部品又は製品の位置に変化を与える過程を表す。	運搬記号の直径は、加工記号の直径の 1/2 ～ 1/3 とする。記号○の代わりに記号⇨を用いてもよい。ただし、この記号は運搬の方向を意味しない。
停　滞	貯　蔵		原料、材料、部品又は製品を計画により貯えている過程を表す。	
	滞　留		原料、材料、部品又は製品が計画に反して滞っている状態を表す。	
検　査	数量検査		原料、材料、部品又は製品の量又は個数を測って、その結果を基準と比較して差異を知る過程を表す。	
	品質検査	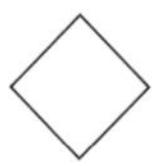	原料、材料、部品又は製品の品質特性を試験し、その結果を基準と比較してロットの合格、不合格又は個数の良(適合)、不良(不適合)を判定する過程を表す。	

出典)　日本工業調査会(審議)(1982)：『JIS Z 8206：1982　工程図記号』、日本規格協会

動距離、作業時間、作業内容を作業の時間順に整理したプロセスチャートや、物や人の移動経路を現場図上に記述したフローダイアグラムとして集約される。

図 2.5 に、文鎮[1]の製造プロセスの部分的な作業のプロセスチャートを示す。また、各作業にかかった時間を視覚的に把握したい場合には、時間軸上に作業内容を記述した活動図が用いられる。機械を操作する作業を伴う場合には、時間軸上に作業員の作業と機械の稼動内容を併記したマンマシンチャートが用いられる。

工程設計の対象とする一連の作業手順は、これらのチャートをもとに分析さ

1)　一般的な文鎮を想定している。鉄角材を切り、それにネジ穴を空け、丸材を用いて製作した持ち手をねじ込み完成する。表面は紙やすりで磨いた後、銀メッキを施す。

チャート題目	文鎮本体の加工作業	チャート番号	PR3-6
備考	鉄角棒を切り出し、フライス盤、ボール盤等で	シート枚数	1頁中の1
	加工して、文鎮の本体を作成し、メッキ作業に備える	チャート作成者	太田雅晴
		作成日	2021/10/1

No.	距　離［メートル］	時　間［分］	記　号	工　程　内　容
1	20.0	3.0	○□⇨D▽	倉庫に鉄角棒を取りに行く
2		2.0	○□⇨D▽	鉄角棒を作業台に乗せ、クランプで固定
3		5.0	○□⇨D▽	鉄鋸で鉄角棒を切断
4	10.0	0.5	○□⇨D▽	フライス盤まで移動
5		2.0	○□⇨D▽	フライス盤バイスに切断した鉄角棒を取り付け
6		15.0	○□⇨D▽	フライス盤による切削加工
7	3.0	0.3	○□⇨D▽	ボール盤まで移動
8		1.0	○□⇨D▽	材料をボール盤テーブルに固定
9		1.5	○□⇨D▽	ボール盤で穴あけ加工
10	13.0	0.5	○□⇨D▽	作業台まで移動
11		0.5	○□⇨D▽	作業台にクランプで材料を固定
12	5.0	0.3	○□⇨D▽	タップ等がある棚まで移動
13		1.0	○□⇨D▽	必要なタップを選択
14	5.0	0.3	○□⇨D▽	作業台まで移動
15		5.0	○□⇨D▽	タップによるねじ切り作業
16	5.0	0.3	○□⇨D▽	布やすりがある棚まで移動
17		0.5	○□⇨D▽	必要な布やすりを選択
18	10.0	0.3	○□⇨D▽	作業台まで移動
19		15.0	○□⇨D▽	布やすりで表面を磨く
20	15.0	0.5	○□⇨D▽	材料をメッキ作業場まで持参
21		60以上	○□⇨D▽	メッキ作業の準備ができるまで保管（以上）

図 2.5　文鎮のプロセスチャート

れ、最良の作業手順が検討される。この際に、工作機械や各種マテリアルハンドリング装置などの製造設備を利用する場合には、「設備を利用すべきかどうか」「利用するならばどの設備にするべきか」などの観点で、損益分岐点分析[2)]や価値分析[3)]が用いられる。作業員が分析する場合、次項の作業設計によって最も能率の良い作業が検討される。

以上のようにして、製造プロセスが設定されるが、ここで分析・検討した内容は、生産性を左右する重要事項となる。このやり方を次項の作業設計と合わせて確立しつつ、コンピュータによる支援システムを構築することが肝要である。こうすることで、過去に蓄積されたデータは、新たな製造プロセスの設定に利用できる。また、製造プロセス全体をシミュレーション技術により検討したり、後述の日程計画の作成や原価計算にも利用できるようになる。

(2)　作業設計

製造現場の自動化が進展しているとはいえ、複雑な組立作業など、人手に頼らなければならない場面は多い。生産のフレキシビリティを確保するためにあえて人手で製造プロセスを構成する場合もある。近年、ロボットなどを大量に導入したスマート工場（Smart Factory）などが建設されてニュースとして報道されている。しかし、個々のロボットへの動作指示は職人技が必要であり、ロボットへの動作指示のための作業員教育に膨大な時間が必要であること忘れてはならない。

自動機械などの作業時間は機械の性能に依存してしまうが、人の作業能率を上げる場合、効率的で疲れない動作を指示することが肝要である。作業時間を明確にして、後述のラインバランシングやセル生産、日程計画の基礎データとすることが計画的な生産のために必要となる。そのために、以下の動作研究と

---

2)　ある設備を用いることが、利益を生むのか、損失を招くのかを明らかにすることである。

3)　価値＝機能／原価の評価をもとに、生産プロセスを決めることである。例えば、同一機能の製品を安価な製造プロセスで実現できれば価値は上がる。VA（Value Analysis）[11]と呼ばれることが多い。

時間研究が行われる。

①　動作研究（motion study）

人間の動作を分析して、無駄な動きを排除し、疲労が少ない動作の順序や組合せを設定する。基本的な方法として、動作の流れを分析記号によって表し、それらが動作経済の原則（principles of motion economy）4) に従っているかどうかを検討する。動作分析に使うサーブリック記号を**表 2.2** に、動作経済の原則を**表 2.3** に示す[9]。

②　時間研究（time study）

表 2.2　サーブリック記号

名　称	文字記号	記号
探す（search）	S	
選ぶ（select）	SE	
つかむ（grasp）	G	
のばす（reach）	RE	
運ぶ（move）	M	
保持する（hold）	H	
放す（release）	RL	
位置を決める（position）	P	
前もって位置を決める（pre-position）	PP	
調べる（inspect）	I	
組み合わせる（assemble）	A	
分解する（disassemble）	DA	
使う（use）	U	
避けえぬおくれ（unavoidable delay）	UD	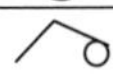
避けうるおくれ（avoidable delay）	AD	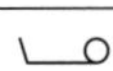
計画する（plan）	PL	
休む（rest）	R	

出典）　人見勝人（1975）：『大学講座　機械工学 31　生産システム工学』、共立出版

4)　ここで示すのは、ギルブレスが提案したものである。優れた組織は、これを自らの環境に合わせて改訂したものを利用している。

表 2.3　動作経済の原則

Ⅰ．身体の使用

a．両手は基本動作を同時に始め、同時に終わるべきで、休息時間以外同時に遊ばせてはならない。

b．両手の動作は体の中心からないし中心方向へ対称かつ同時に行なうべきである。

c．できるだけ運動量を利用すべきであり、それが筋肉の力で制圧されねばならぬ場合には最小に減じるべきである。

d．急に鋭く方向変化をするような直線運動よりも連続した曲線運動のほうが好ましい。

e．最少の基本動作を用いるべきで、最低の可能な分類に限るべきである。その分類は費される時間と労力が大きくなる順番として、1. 指の動作、2. 指および手首の動作、3. 指、手首、および前腕の動作、4. 指、手首、前腕、および上腕の動作、5. 指、手首、前腕、上腕および身体の動作。

f．足でできる仕事は手でしている仕事と同時にするようにすべきであるが、手と足の同時移動はむずかしいことを認識すべきである。

g．中指と親指は仕事をするのに最も強い指である。人差し指、薬指、および小指は長い間重い荷重を扱うことはできない。

h．作業者が立っているときには足はペダルを効率的に操作できない。

i．振り運動はひじを曲げて行なうべきである。

j．工具を握るには、手掌にできるだけ近い指の分節を用いよ。

Ⅱ　作業場所の配置と条件

a．すべての工具と材料には定位置を当てがい、最も良い順序になるように、また「さがす」と「遊ぶ」のサーブリグをなくしたり少なくしたりすべきである。

b．「のばす」と「運ぶ」時間を減じるために重力利用容器と落下運送を用いるべきである。さらに完成部品を自動的に取り除きうる所には放出器を備えるべきである。

c．すべての材料および工具は垂直および水平の両面で正常領域内に配置すべきである。

d．作業員には楽な椅子を用意し、交互に立ったり坐ったりして仕事を効率的に遂行できるような高さに整えるべきである。

e．適正な照明、換気、ならびに温度にすべきである。

f．凝視の必要性が最少となるように作業場所の視覚上の条件を考慮すべきである。

g．リズムは作業を円滑かつ自動的に行なうのにたいせつであり、できるかぎり容易で自然なリズムとなるように仕事を整えるべきである。

Ⅲ．工具および設備の設計

a．二つ以上の工具を一つにまとめて、またできれば二つの送り装置で同時に切り込むようにして、可能な限り多重の切削を行なうべきである。

b．すべてのレバー、ハンドル、ならびに他の制御装置は作業員が容易に近づけるようにすべきで、また可能な最良の機械的長所が得られ、最も強い筋肉群が利用できるように設置すべきである。

c．定位置に部品を保持するには取付具ですべきである。

d．動力または半自動工具の利用可能性をつねに調べよ。

出典）　人見勝人（1975）：『大学講座　機械工学 31　生産システム工学』、共立出版仕事を要素作業に分割して、それに要する時間を測定もしくは見積もり、評価し、設定する。簡単に連続する作業の総時間を測定するには、ストップウォッチで計測するだけで十分であるが、生産準備の段階で作業時間を見積もりたい場合には、PTS(Predetermined Time Standard：既定時間法)がある。これは一組の時間資料とシステマティックな手続きから構成されており、システマティックな手続きにより人間の行う仕事の手作業部分を分析し、動作、体の動き、その他の人間の行動に関する諸要素を再分割し、それぞれに適切な時間値を割り当てるものである。

この代表的方法にはMTM(Methods Time Measurement)法[11][12]がある。これは、作業を、R(手を伸ばす)、M(運ぶ)、T(まわす)、AP(圧す)、G(摑む)、P(定置する)、RL(放す)、D(引き離す)、ET(目の移動)、EF(目の焦点合わせ)の基本要素とその性質、距離、状況とともに記述し、あらかじめ設定されている数値を当てはめ動作時間を評価する。例えば、R(手を伸ばす)には、**表 2.4** が準備されており、手を伸ばした距離、伸ばす状況(ケース)を特定できれば、表からTMU(Time Measurement Unit：0.036秒/TMU)の値がわかり、標準時間が推定できる。

これらの方法を習得し、迅速かつ正確に作業時間を見積もることは容易ではない。近年では簡略的な各種方法、作業種に特化した方法、各企業独自の方法、ビデオ撮影した動画から標準作業時間を導出するソフトウェアなどが開発されている。

以上の分析によって得られた作業標準時間データは、後述のラインバランシングの基礎データになる。また、製造現場にPOP(Point Of Production：生産時点情報管理)などを導入して作業の進捗管理[5)]を行う場合、その能率評価の基準となるとともに、日程計画支援システムに入力され、日程計画作成のための基礎データとなる[6)]。

---

5)　近年のIoTにかかわる技術の進展は、これをより詳細かつリアルタイムに行うことを可能にしている。

表2.4　R(手を伸ばすの場合のTMU)

移動距離		TMU値				手が移動中の場合		ケース説明
inch	cm	A	B	CorD	E	A	B	
3/4以下	1.9以下	2.0	2.0	2.0	2.0	1.6	1.6	A：決まった位置に手を伸ばす。または、もう一方の手に持っている物に手を伸ばす。または、休ませているもう一方の手のほうに手を伸ばす。
1	2.5	2.5	2.5	3.6	2.4	2.3	2.3	
2	5.1	4.0	4.0	5.9	3.8	3.5	2.7	B：少しずつ位置が変わる物に手を伸ばす。
3	7.6	5.3	5.3	7.3	5.3	4.5	3.6	
4	10.2	6.1	6.4	8.4	6.8	4.9	4.3	
5	12.7	6.5	7.8	9.4	7.4	5.3	5.0	C：乱雑に置かれた物の中から物を選び取るために手を伸ばす。
6	15.2	7.0	8.6	10.1	8.0	5.7	5.7	
7	17.8	7.4	9.3	10.8	8.7	6.1	6.5	
8	20.3	7.9	10.1	11.5	9.3	6.5	7.2	D：大変小さい物もしくは正確に摑むことが要請される物に手を伸ばす。
9	22.9	8.3	10.8	12.2	9.9	6.9	7.9	
10	25.4	8.7	11.5	12.9	10.5	7.3	8.6	
12	30.5	9.6	12.9	14.2	11.8	8.1	10.1	E：身体の自然な位置に手を戻したり、次の動作のために手を移動させたり、動作終了のために手を移動させたりする。
14	35.6	10.5	14.4	15.6	13.0	8.9	11.5	
16	40.6	11.4	15.8	17.0	14.2	9.7	12.9	
18	45.7	12.3	17.2	18.4	15.5	10.5	14.4	
20	50.8	13.1	18.6	19.8	16.7	11.3	15.8	
22	55.9	14.0	20.1	21.2	18.0	12.1	17.3	
24	61.0	14.9	21.5	22.5	19.2	12.9	18.8	
26	66.0	15.8	22.9	23.9	20.4	13.7	20.2	
28	71.1	16.7	24.4	25.3	21.7	14.5	21.7	
30	76.2	17.5	25.8	26.7	22.9	15.3	23.2	

注）1インチ(inch)は、2.54センチメートル(cm)である。
出典）Marvi E.Mudel(1950)：*Motion Time Study*、Prentic-Hallを筆者が翻訳、一部加筆したもの

6) 近年の製造現場では、人間性回復運動が浸透して作業員の高齢化も進んだ。そのため、上記のような人間作業の研究では、人間の生理的・心理的な特徴をもとに、機械の使いやすさや作業のあり方などを研究するエルゴノミクス(ergonomics)の観点が重視されるようになり、世界中で多様な企業がさまざまな取組みを行っている。また、マーケティングの分野においても店舗内オペレーション分析や顧客行動分析において、上記の方法が多用されている。

(3)　ラインバランシング

生産形態が連続生産の場合、コンベアなどの搬送装置により次々と加工対象物をある作業地点から次の作業地点に移動させ製造する。ワークステーションと呼ばれる各作業地点では、工程設計で決められた要素作業を一つ以上を行う。その場合、その地点でどの要素作業をするのかは次の評価基準で決められる。

①　ワークステーション数

要素作業を技術的な順序に従って分けたグループ数のことである。ワークステーション数は、各ワークステーションに1人ずつ作業員を配置した場合の数(製造ラインを稼動するための最低作業員数)と一致する。各ワークステーションで1つの要素作業だけ行う場合、要素作業数とワークステーション数は一致する。

②　サイクルタイム

各ワークステーションでは、作業が終了しないと次の加工対象物の作業ができない。したがって、製造ラインで製品が生産できる最小の時間は、すべてのワークステーションの作業時間のうちで最大の作業時間である。これを、サイクルタイム(タクトタイム)と呼び、製造ラインから製品が出力する間隔となる。

各ワークステーションの作業時間とサイクルタイムの差は、遊休時間(作業待ちの時間)である。これをなるべく少なくするためには、各ワークステーションの作業時間を均等にするよう要素作業のグループ化を行う必要があり、これがラインバランシングの評価基準となる。

ワークステーション数とサイクルタイムはトレードオフの関係にあり、どちらも配置可能な作業員数と需要率によって決められる。例えば、1日当たりの需要が12個で、8時間(480分)製造ラインを稼動させる場合、サイクルタイムは「480分÷12個＝40分」にする必要があり、そのためのワークステーション数を算定できる。要素作業時間と技術的順序をもとに、サイクルタイムを40分とした場合のラインバランシングの例を**図2.6**に示す。

以上、ラインバランシングの基本的な方法を示した。ただし、実務では、こ

補表１　作業データ

要素作業名	作業時間［分］	後続の要素作業名
A	12	B、D、C
B	25	G
C	28	E
D	14	E
E	15	F
F	23	G
G	17	H
H	18	−

補表２　ラインバランシングの一例

ワークステーション番号	含まれる要素作業	総作業時間［分］
WS 1	A、C	40
WS 2	B、D	39
WS 3	E、F	38
WS 4	G、H	35

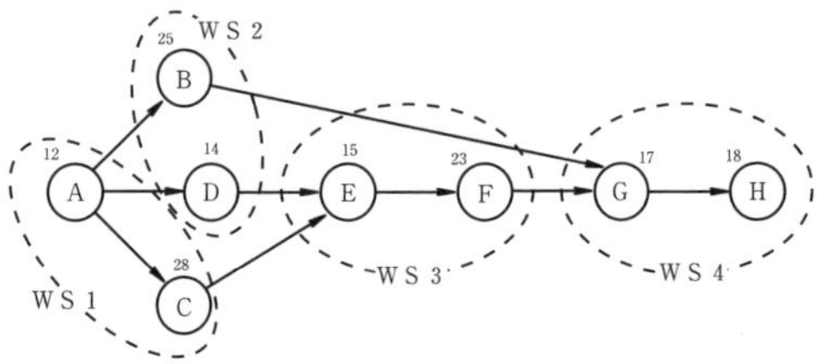

各ワークステーションを設定する際の要点は、要素作業をその技術的順序を崩すことなく設定したサイクルタイムになるべく近づけるようにグループ化することである。上述のラインバランシングの一例は、要素作業Aから順次まとめる方法を用いた。例えば、AとBまたはCまたはDは同じワークステーションとできるが、Dを含むことなしにAとEを同一のワークステーションとはできない。

ラインバランシングでは次の指標が重要である。

- 最小ワークステーション数：$N_{\min} = [\sum_{i=1}^{n} t_i ／ C] + 1$（例：$N_{\min} = [152 ／ 40] + 1 = 4$）
- 編成効率：$E = \sum_{i=1}^{n} t_i ／ NC$（例：$(152 ／ 40 \cdot 4) \cdot 100 = 95\%$）

ただし、C：サイクルタイム、N：ワークステーション数、t_i：要素作業 i の作業時間、$[X]$：X を超えない最大の整数。

図 2.6　ラインバランシング（例）

のような方法に加え、現場における改善活動の推進等も含め、試行錯誤の後に最適なバランシングが決定される。なお、個別生産の場合、個々の製品によって製造プロセスはそれぞれ異なるため、連続生産形態はとりにくい。このとき、ラインバランシングは不要であり、後述する日程計画が重要となる。

(4)　セル生産

武内氏の定義[13]を引用すれば、セル生産とは、「一人または複数の作業者が複数工程を担当し、脱コンベアの簡易設備で生産するもので、ライン性能が、作業者の能力により自律的に決まる性格の生産方式」である。これは、対象とする複数工程の一群（セル）のなかで製品もしくは部品の製造の完結を目指すも

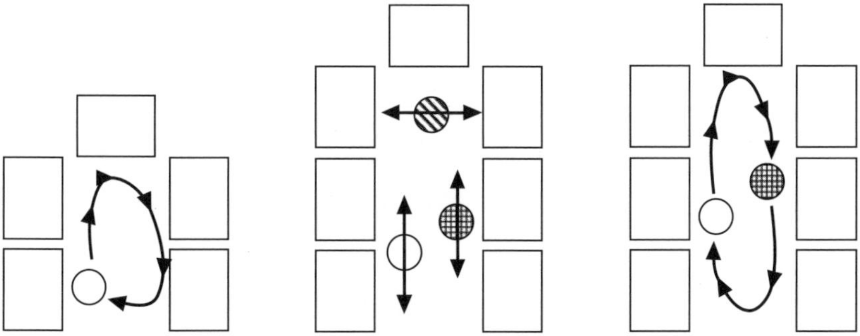

(a) 一人方式　　(b) 分割方式　　(c) 巡回方式

注）○、◍、◎などは作業員を、矢印は担当範囲を表す。

図 2.7　セル生産の作業形態

のといえる。セル生産方式は、グローバルなコスト競争、作業者の労働意欲の向上、需要変動へのフレキシブルな対応が求められるなかで、特に電機業界を中心にして広く普及してきた。上述した動作研究や時間研究、ラインバランシングが計画指向なのに対し、作業者の自律性を基礎とした工程レイアウトや作業内容の改善や作業の学習効果によって生産性が確保される。

セル生産方式は作業形態で**図 2.7** のように 3 つの方式[15][16]に分けられる。このとき、工程を並べる形状には直線型、二の字型(並行型)、T の字型、U の字型などがある。**図 2.7** は U の字型のセル生産である。

セル生産方式の利点は、生産すべき品種を容易に切り替えたり、生産量に柔軟に対応できることである。一方で、生産性は作業者の能力や意欲に依存することが課題となる。この課題に対処するため、個々の企業は教育プログラムやコンサルティング部隊を整備したり、小集団活動の活性化を図る体制を整えている。また、世界規模の企業では、セル生産方式の迅速な立ち上げや生産性の向上を、世界中の事業所にスムーズに波及させることを目指している。

(5)　生産現場におけるIoTやAIの利用

近年の通信デバイスの発達は目を見張るものがある。IoT デバイスは、センサデバイスとも呼ばれ、センサ素子と連携して観測データを取得する役割を果たす。

これらを巧みに利用することにより、次が可能となる。

- 製造プロセスを精緻に監視することで、工程内不良を削減できる。
- 製造プロセスの各要素工程の進捗情報を、遠く離れた地点からも共有できる。
- 製造プロセスにかかわる各種情報をAIなど高度な情報処理技術を使って分析することで、不良発生場所を特定したり、発生原因を迅速に発見することができる。
- 今まで人手に頼っていた工程の監視をIoTデバイスで置き換えることで、製造プロセスの自動化を促進できる。

これらIoTの製造プロセスへの導入は専門業者が行う場合もあるが、近年ではIoTデバイスを容易に入手できるうえ、取扱いが容易になったことから、改善活動の一環としてIoTを利用することも多い。いずれにしても、これらにかかわる技術はまだ開発途上であり、今後、さまざまな応用例が登場してくるであろうことが推察される。その例が、IoTデバイスなどをより体系的に利用してスマート工場[7)]を目指そうというIndustry 4.0（ドイツ先導の指針）である[8)]。

2.2.3　生産・販売プロセス

見込生産形態の場合、予測需要量を満足させて経営目標を達成するために、

7)　総務省：「第１部　特集　人口減少時代のICTによる持続的成長」、『平成30年版　情報通信白書』によれば、スマート工場は、以下のように定義される。
「人間、機械、その他の企業資源が互いに通信することで、各製品がいつ製造されたか、そしてどこに納品されるべきかといった情報を共有し、製造プロセスをより円滑なものにすること、さらに既存のバリューチェーンの変革や新たなビジネスモデルの構築をもたらすことを目的としている。」

8)　職人の国ドイツは、その職人の知恵をネットワーク化する課題を解決するため、この指針を作成した。消費者の多様な嗜好に合わせた製品を消費者に望む量だけ迅速かつ自動で、さらには低コストで生産することができれば、豊かな社会に対応できる生産体制が構築できる。これについてもまだ試行錯誤が続けられている段階であり、今後、注視していく必要がある。

設計プロセスで設定した製造プロセスを、生産計画・管理プロセスのもとでコントロールする。つまり、「定めた期間の製品生産量を決める全般的な生産計画」「その生産量を確保する製造プロセスの構成を決めるラインバランシング」の下で生産した後、計画が予定どおり進行しているかどうかを判断し、過不足を修正する生産管理を実行する。

受注生産形態の場合、生産計画・管理プロセスは、顧客の指定した納期と生産量を確保するよう製造プロセスをコントロールする。具体的には、主に納期を守るような日程計画を策定し、その計画の進捗状況を見張る生産管理を行う。

一方、これら生産計画・管理プロセスと並行して、資材の調達計画・管理プロセスおよびマーケティングプロセスが施行される。前者は、生産計画・管理プロセスと同期化して適時・適切に資材を製造現場に供給できるよう調達プロセスをコントロールする。後者は、生産計画・管理プロセスと同期化させて、顧客の望む製品および量を、機会損失をできるだけ少なくして迅速に市場に供給できるよう流通プロセスをコントロールする。さらに、市場に対してより積極的な販売を展開したり、市場での製品に関するニーズ情報の収集・分析にかかわったりして、設計プロセスとも同期化することが肝要となる。

(1)　全般的生産計画

一般的に生産計画と呼ぶ場合、「設定した期間の製品生産量を決める全般的生産計画」と「製造プロセスを構成する一連の作業を、どの製造設備(またはどの作業員)で、いつ行うかを決める日程計画」とを含める場合がある。生産計画を広義に捉えれば、生産にかかわるすべての計画(例えば、将来の製品の品揃えや工場の拡張計画)を含む場合がある[9)]。

これらの計画は、互いに整合性を保持しながら策定されなくてはならないものの、計画が長期になればなるほど予測は大まかにならざるを得ない。しかし、経営戦略を確実に実行していく観点から、長期計画との整合性をとりつつ、段階的により詳細な計画に展開していく過程が必要となる。

(2)　需要予測

過去の販売実績や市場環境が自社の販売量に影響する要因などを考慮したうえで、継続する生産の計画期間の需要量もしくは自社の販売量を予測する。このやり方には、総平均法や移動平均法などの時系列的予測モデル、回帰分析的予測モデルなど種々の方法が提案されている。本項では予測の基準指針と時系列的予測モデルの概要を述べる[18]。

一般的に、製品の需要量など時間によって変化する値は、次の４つの要因によって変化するとされる。

①　傾向変動：比較的安定した上昇または下降の値の動き

②　季節変動：例えば、季節に連動した変化のように、値が比較的短い周期で繰り返す動き。どのような製品の需要にも季節変動があるとされる。

③　循環変動：例えば、経済の好況・不況の繰返しに連動するように、値が１年以上にわたる周期で繰り返す動き

④　不規則変動：説明できない不規則な値の動き。確率・統計学で扱えるとされるため、最も扱いやすい変動ともされる。

短期計画のうち、特定の期間に生産すべき個々の製品の生産量を指示するマスタープロダクションスケジュール（以降、MPS）の生成目的などのように、比較的短期の予測が必要な場合がある。このとき、製品ライフサイクルや景気循環などの影響を示す「③循環変動」は無視してもよく、①②④の要因を過去のデータを用いて明らかにしつつ将来を予測することになる。

---

9)　一般に、生産計画で長期、中期、短期といった場合、それぞれの計画は次の内容を意思決定する[17]。

- 長期計画：５～10年にわたる生産の大綱を決める。例えば、電力会社では、電力需要を予測し、発電プラントを設計し、設置場所を特定し、必要な許認可を取得し、プラントを建設し、設備を調達し、従業員を雇用して訓練するなどの計画が必要となる。
- 中期計画：数カ月から１年の計画である。市場の状況を評価し、その市場に適した新製品の追加、既存の製品の廃棄問題、不足分の従業員の雇用や訓練など、具体的な活動の準備にかかわる。
- 短期計画：月ごと、週ごと、毎日の計画であり、具体的な活動計画である。例えば、「いつどの仕事を開始するのか」「残存する仕事をどんな順序で処理するのか」「将来のためにどんな準備をするのか」などにかかわる計画である。

時系列的予測モデルは、上記の要因のうち、「①傾向変動」と「②季節変動」について明白には考慮しないものの、計算の容易さもあってよく利用される。このなかで指数平滑法[10)]が、予測ミスを考慮できる点で最もよく用いられる。

近年のマーケティング技術の発達は、市場のコントロールさえ可能にしつつある。そのため、広告などのマーケティングコミュニケーションを通じて、自社製品の販売量の変動を予測し、さらに生産計画と連携することで、市場のコントロールを念頭に入れることも可能になりつつある。

(3)　全般的生産計画の方法

全般的生産計画には、月末に次月の生産量の総枠を決める計画や、次月を週単位に区切って4週もしくは5週分の各週の計画を月末に一度に策定する計画がある。いずれにするかは需要の変動状況、部品などの納入リードタイム、製品の製造リードタイムなどによって異なってくる。前者は単一期間生産計画、後者は多期間生産計画と呼ばれる。

ここでは多期間生産計画の1つの方法であるランドの方法[19][20]を紹介する。**表2.5**はランドの方法による計画例である。

表2.5中、各月需要量は、例えば需要予測から与えられる。また、生産は正常生産と残業生産によって行われるとしている。例えば、4月では、「資源名」の41が正常生産、42が残業生産を表し、その月における生産能力としての生産可能個数は「生産能力」の項に、利用する順番は「利用順位」の項に、利用費用は「利用コスト」の項に記載される。

もし、その期で資源が余るならば、それは次期のために使用され、その量は「残生産能力」の項に記載される。また、当月の資源を次月に使用すれば、生産された製品は在庫になるので、利用コストとともに在庫費用を加算した「次

---

10)　指数平滑法は、ある期nの予測需要量をF_n、実際の需要量をD_nとすれば、次の期$(n+1)$の予測需要量F_n+1が、予測ミスに対する重みを$\alpha\ (0 \leqq \alpha < 1)$として、$F_n+1 = F_n + \alpha(D_n - F_n)$で与えられる。これから過去の需要量データをもとに、受動的に需要量を予測し全般的生産計画の基礎資料にできる。

表 2.5　ランドの方法による多期間生産計画

計画月	需要量	資源名	利用コスト	利用順位	生産能力	当月使用量	残生産能力	次月利用コスト
	［個］	―	［¥／個］	―	［個］	［個］	［個］	［¥／個］
4月	2,100	41	10,000	1	2,500	2,100	400	11,000
		42	12,000	2	1,000	0	1,000	13,000
5月	2,600	51	10,000	1	2,000	2,000	0	―
		52	12,000	3	500	200	300	13,000
		41	11,000	2	400	400	0	―
		42	13,000	4	1,000	0	1,000	14,000
6月	3,000	61	10,000	1	2,000	2,000	0	―
		62	12,000	2	500	500	0	―
		52	13,000	3	300	300	0	―
		42	14,000	4	1,000	200	800	15,000

(主項目の説明)
- 資源名：その月に利用可能な生産資源の種類を表す。
  例：41＝(4月の正常生産)、42＝(4月の残業生産)
- 利用コスト：生産資源の単位時間当たりの利用コスト
- 利用順位：生産を計画する際に利用する生産資源の利用順位を表す。一般に利用コストの低い順番
- 残生産能力：当月に使い残した生産能力で、次月以降の生産のために利用される。
- 次月利用コスト：次月以降の需要量を満たすために生産能力を利用した場合、在庫費用等が利用コストに付加される。表3-5の例では、在庫費用を1,000［¥／個・月］としている。

月利用コスト」として記載するとともに、次月の「生産能力」として転記される。一般に、各月の資源の利用順位は、利用コストの低い順に設定される。このようにして、各月の需要量を各資源の利用順位に従って割り振り、生産計画を行う方法をランド法と呼ぶ[11)]。ランド法によって、総生産コストを最小化する生産計画を得ることができる。

表 2.6 に、各月の各資源による生産量(各資源の使用量の総和)と計画全体の総生産費用を総括した結果を示す。

以上、本項ではランド法の計算例を示した。もし計算が複雑になる場合に

11)　例えば、5月の生産計画は次のように行う。
需要量は 2,600 個である。順位 1 の資源 51 をまず使い 2,000 個生産する。残る 600 個を生産しなければならないが、当月の残業生産より前月の正常生産に順位 2 が付けられているので前月の正常生産で 400 個生産する。まだ 200 個生産しなければならないが、同様にして、当月の残業生産で生産するように計画すれば、すべての需要量を生産できる。

表 2.6　ランドの方法による生産計画総括結果

計画月	4 月	5 月	6 月
正常生産量［個］	2,500	2,000	2,000
残業生産量［個］	200	500	500
総生産コスト［万円］	8,050		

は、表計算ソフトウェアなどで簡単に生産計画が可能である。

このような方法以外にも、線形計画法などの数理的計画法を適用して生産計画を行う方法などが盛んに研究されている。しかし、得られた生産計画量の導出過程を業務担当者が理解できないブラックボックス的な計画法を用いることは、計画変更などへの迅速かつ柔軟な対処が容易でなくなることから、十分検討する必要がある。

(4)　日程計画

全般的生産計画では、設定した期間の各製品の生産量が決まる。この生産を実施するには、個々の製品の製造プロセスを構成するすべての作業について、「どの製造設備(どの作業員)で、いつ行うか」を決定する必要がある。これを日程計画(生産スケジューリング)と呼ぶ。1つもしくは少数の種類の製品を連続的に大量生産する連続生産形態の場合には、ラインバランシングがこれらを規定する。複数の品種を中少量生産する場合、日程計画は生産・販売プロセスの重要なサブプロセスとなる。

日程計画には、大きく次の2種類がある。

①　オペレーションスケジューリング

製造プロセスの異なる複数の製品をそれぞれ個別に中少量生産しなくてはならない場合に、個々の製品の製造プロセスを構成する作業のための製造設備もしくは作業員と、そこでの作業開始・終了時刻を明らかにする計画をいう。

②　プロジェクトスケジューリング

ビルや工場などの建築物や船やロケットなどの大型機械などの生産など、複数の作業を並行し、または総合して、最終的に一つの製品を納期に間に合うように完成させる必要がある。このような製造プロセスのコントロールに際しては、納期を守れる範囲内で、製造プロセスを構成する作業の経済的かつ効率的な作業時間と時刻管理が重要である。これを目的とした日程計画をプロジェクトスケジューリングという。

本項では、①の概要とともに、スケジューリングの検討や結果の記述に有用なガントチャート、最適化オペレーションスケジューリングの方法、スケジューリングシミュレーション、負荷計画などについて述べる。なお、②を代表するPERT(Project Evaluation and Review Technique)、CPM(Critical Path Method)という手法については、多くの専門書があるため他書に譲る。

❶　ガントチャート

個々の作業での時間軸上の位置を明記する手法で、Henry Ganttが提起したことからこの名がついている。その一例を**図2.8**に示す。

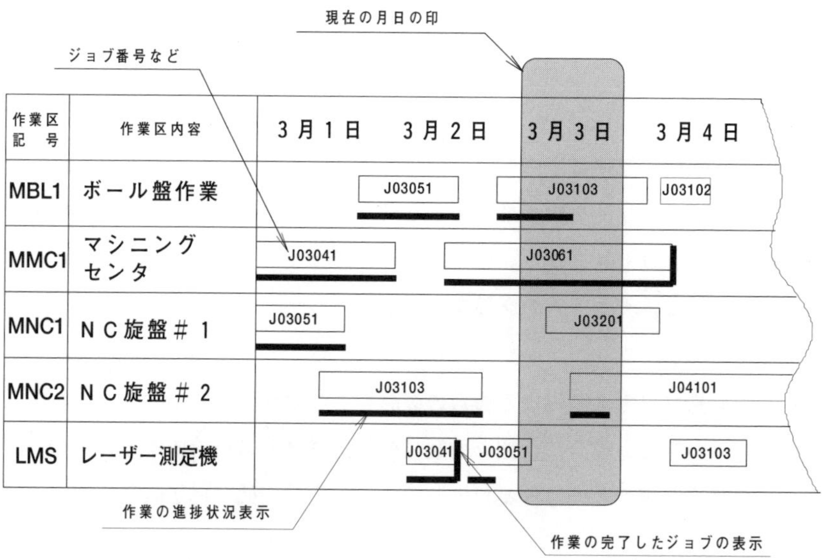

図2.8　ガントチャート(例)

ガントチャートは、スケジュールの表記手段、計画の進行具合の管理、さらにはスケジュールの作成支援としても使われている。コンピュータ支援スケジューリングシステムにおいても、最終的な出力結果の表示だけでなく検討・修正もディスプレイ上に表示されたチャートで行うのが一般的である。

❷　オペレーションスケジューリング

個々の製品の製造プロセスを構成する一連の作業を遂行するためには、複数種の製造設備の使用と複数の専門的能力をもつ作業員の手を経る必要がある。オペレーションスケジューリングは、その詳細を決める。

厳密な日程計画を得たい場合には、作業地点での待ち時間などを確認する必要があり、ガントチャートによる記述が必須となる。待ち時間は、各作業地点でのジョブの処理順序によって異なってくる。

製品ごとに設備（または作業員の専門的能力）の使用順序が同じ場合と異なる場合を分けて、前者を対象とする日程計画をフローショップスケジューリング、後者をジョブショップスケジューリングと呼ぶ。

また、「請け負った仕事に対してだけ日程計画を策定するのか」あるいは「次々と仕事が来る状況を想定するのか」によって、前者を静的スケジューリング、後者を動的（ダイナミック）スケジューリングと呼ぶ。

いずれのスケジューリングに対しても、種々の方法が提案されている。特に、静的なフローもしくはジョブショップスケジューリングについては、総処理時間（請け負った仕事をすべて完了する時間）、平均処理時間（個々の仕事の処理時間の平均）、納期遅れなどの評価基準を用いた最適スケジューリングが研究されている。ここでは、2工程のフローショップの最適スケジューリングを与えるジョンソンの方法[21]を紹介する。

ジョンソンの方法は、2工程で作業を行うジョブ（仕事）があるとき、どのジョブも工程の処理順序が同じ場合、総処理時間を最小化するようにジョブの作業順序を決定する方法である。

具体的には、次の手順からなる。

（手順1） まだ順序が決まっていないジョブのすべてについて、各工程の作業時間を比べ、最小の作業時間をもつジョブを見つける。

（手順2） その最小の作業時間に対応する作業が最初に加工する工程に対して行われる場合、そのジョブを順序の決まっていないジョブのなかで最初に処理されるジョブに順序づける。反対に、その作業が後で加工する工程のものである場合、最後に処理されるジョブとして順序づける。

（手順3） すべてのジョブが順序づけられれば手順を終了し、まだ順序づけられていないジョブがある場合に、(手順1)に戻る。この手順を進める過程で選択肢が2つ以上ある場合、任意に選択する。

表2.7のデータに対して、3ジョブのスケジューリングをジョンソンの方法を用いれば次のようになる。まずJ2の紙切り作業(最初の作業)時間が最小作業時間である(手順1)ので、J2が最初に順序づけられる(手順2)。まだ順序づけられていないJ1、J3のなかから最小の作業時間をもつのはJ1の糊付け作業(最後の作業)であるから(手順3、手順1)、J1を最後に処理するジョブとして順序づける(手順2)。J3が残り、J1とJ2の間に処理されるジョブとして順序づける(手順3)。

以上のように得られた結果をガントチャートで示せば**図2.9**のようになる。

このような簡便な手順で最適スケジュールが得られる状況は少ないうえに、実用上はダイナミックジョブショップスケジューリングを解決しなくてはならない。実務では、個々の製造設備での作業の処理順序を優先規則(差し立て規

表2.7　封筒製作のスケジューリングデータ

ジョブ名	作業時間［時間］	
	「紙切り」作業	「糊付け」作業
J1	6	3
J2	2	8
J3	7	4

封筒の作成作業を請け負う仕事を想定している。請け負ったすべてのジョブは、紙切り作業をまず行い、糊付け作業を経て完了する。

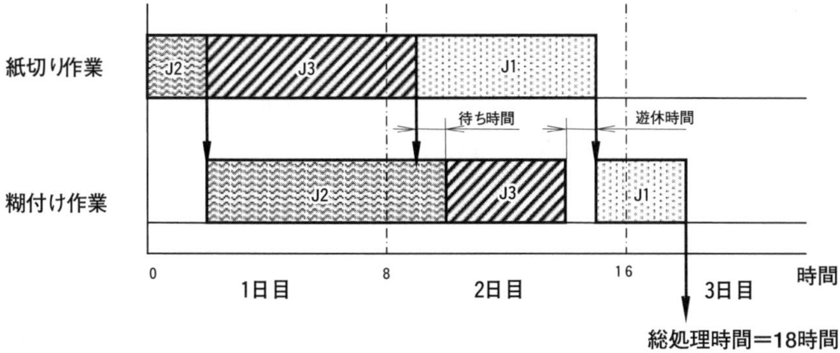

図 2.9　ジョンソンの方法でのスケジューリング結果

則とも呼ばれる）にもとづいて決定する方法がとられ、妥当な優先規則をコンピュータシミュレーションで確認する方法なども有効である。さらに、近年ではAIの技術を用いて、この問題にアプローチすることも盛んに行われている。

以上の方法以外に、各工程での各作業の開始・終了時刻を厳密に決めるのではなくて、その日の各工程での作業種と作業量を大枠として割り振る負荷計画（ローディング）を作成する方法もある。

日常で仕事のスケジュールを検討する場合、その日その日の時間軸上で行うべき仕事を指示していくのが最適化スケジューリングを指向する方法である。これに対して時間までは指定せず、その日その日に行うべき仕事を書いていく方法が負荷計画である。

個々の製品が完成するまでの一連の作業を行う機械設備や作業員の作業時間は、あらかじめ時間研究によってある程度正確に見積もることができる。また、工場内で作業が込み合った場合に発生する各作業地点での待ち時間や作業地点間の移動時間などは、詳細なスケジューリングをガントチャートで検討することで初めて明らかになる。負荷計画は、これら不明な時間を、例えば過去のデータから計算された作業待ち時間の平均値などで見積もって、おおよその個々の製品の完成日などを得る方法である。これにはフォワード法とバックワード法がある[22]。詳細は、他書を参考にしてほしい。

(5)　在庫管理

製造プロセスの円滑な遂行のためには、原料や部品をあらかじめ準備して保管する必要がある。また、完成した製品を顧客の手元に届ける流通段階では、倉庫や流通業者の手元で製品が一時的に留め置かれることがある。これら保管や停滞を、意図して行う場合もあれば、意図せずに起きる場合もある。いずれの状況でも保管や停滞が生じた場合、それらを在庫と呼ぶ。

在庫には、資材供給業者から工場に運ばれ製造を待つ調達プロセスの結果としての資材在庫、製造プロセスの途中にあって次の作業を待つ仕掛（しかかり）在庫、完成品となった製品が工場の製品倉庫などで出荷を待つ製品在庫、顧客に渡るまでに工場と顧客の中間地点の倉庫や流通業者の手にある流通プロセス段階での流通在庫がある。いずれの在庫であっても物の流れが停滞していることから、なるべく削減することが望まれる。

近年のような先行き不透明な時代では、在庫はリスクを発生させる主因として捉えられ、削減する努力が各方面で行われている。しかし、極端な在庫削減は、顧客への供給サービスの低下を招くため、的確な在庫管理が重要である。代表的な在庫管理方式には、次の定期発注方式、定量発注方式、２ビン方式の3つの方法がある。**図 2.10** は、定期および定量発注方式の場合の在庫遷移曲線を示す。

具体的な計算方法は以下のとおりになる。

①　定期発注方式(**図 2.10**(a)参照)

現在の在庫量 I を定期的(期間 R)に調査し、需要率(単位時間当たりに出庫される量)D、安全在庫(需要率の変動による品切れ防止のための在庫)SS、納入リードタイム(発注してから納品されるまでの時間)LT をもとに、発注量を決定する方式である。

1 回の発注量 Q は、次式によって決定する。

$$
\begin{aligned}
TP &= D(R + LT) + SS \\
Q &= TP - I
\end{aligned}
\tag{2.1}
$$

②　定量発注方式(**図 2.10**(b)参照)

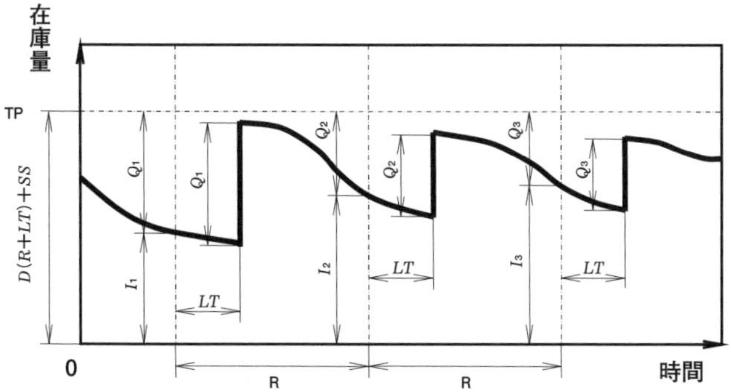

(a) 定期発注方式

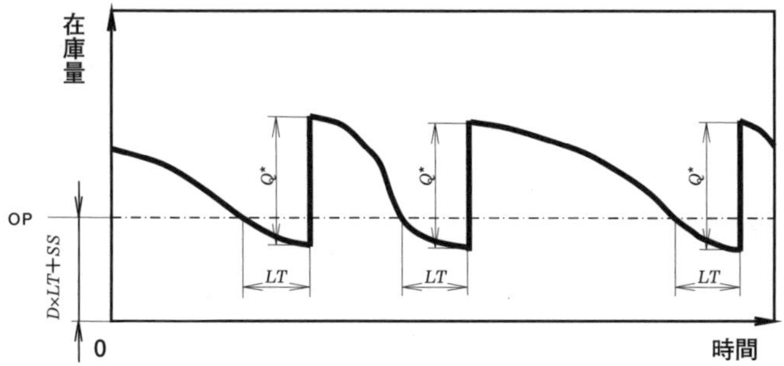

(b) 定量発注方式

図 2.10　代表的在庫管理の方法

連続的に在庫量を調査し、在庫量があらかじめ決めた量(発注点と呼ばれる)*OP* になったとき、定められた量を発注する方式である。経済的注文量 Q^* と呼ばれる次式で求められる値が発注量の目安として用いられる。

$$Q^* = \sqrt{2SD/K} \tag{2.2}$$

(*K*：単位時間および単位量当たりの在庫保管費用、*S*：1 回当たりの発注費用)

また、発注点 *OP* は次式で設定する。

$$OP = D \times LT + SS \tag{2.3}$$

③　２ビン方式

２つの箱を準備し、最初、両方の箱を一杯にして、１つを倉庫に保管し、もう１つを需要地点である製造場所や店舗などに置く。需要地点の箱が空になったならその分だけ注文するとともに、倉庫に保管したものを補充するため、簡単でわかりやすい方式である。

他の方法には、定期発注方式と定量発注方式とを融合した以下のような方式もある。

- 定期発注方式で調査時期以前に、ある基準在庫量以下の在庫量が観察された時点で発注する方式
- 最大在庫量と最低在庫量を決めておき、定期的な在庫調査で最低在庫量を下回ったときだけ、最大在庫量までの差を発注する(s、S)方式

在庫管理にかかわる情報の流れをカンバンによって行い、在庫を中心に製造指示を行う方法にカンバン生産方式もしくはJIT生産方式と呼ばれる生産方式もある(**2.3.2 項**参照)。

採用する在庫管理の方法に応じて、需要への追従性や在庫量が異なってくる。例えば、需要が減少していく場合、定期発注方式は定期に目標在庫量を満たそうとするので在庫が多くなりすぎる。また、需要が不安定な場合、定量発注方式は発注点で定量発注しても納品までに品切れが発生することもあり、需要変動への追従性が弱い。さらに、定量発注方式だと発注時期が一定していないため、生産計画や日程計画との連動は難しい。

このような違いを考慮したうえで、在庫管理方式の採用は、製品の需要状況や利用される環境を考慮して検討される[12)]。

---

12)　このとき、ABC 分析を行った結果を利用する方法が考えられる。
ABC 分析とは、80：20 の法則(例えば、20% の商品が売上全体の 80% を占める)と呼ばれる経験則を用いて、商品を A、B、C の３グループに分類する方法である。これは、経営上の重要度に応じ、個々の商品をグループ化した結果を用いて、個々のグループに見合った在庫管理の方式を適用する分析方法である。この分類基準は多々ある。A、B、C をどの程度の割合にするかも検討を要する。ABC 分析の詳細は紙幅の都合上、他書に譲る。

2.3　総合的、組織横断的生産計画・管理の手法

前節では、製造業の設計、生産、製造、物流プロセスにかかわる要素プロセスの計画・管理手法について学習した。それらの計画・管理手法は今もって進化を続けている。次なる段階として、「全社的な業務の最適化を目指そう」「サプライチェーン全体の物の流れの最適化を図りたい」「発展しつづけるITを応用したい」という要望への対応が望まれる。具体的には、MRP、JIT、TOC、OPT、SCMなどの指針や方法論である。本節では、その概要を述べる。

2.3.1　MRPの概要

MRP(Material Requirements Planning：資材所要量計画)は、コンピュータの使用を前提とした生産・在庫管理手法で、1960年代初頭にIBMが最初のシステムを開発して以来、世界中に急速に広まった。狭義のMRPは、最終製品が必要とする構成部品の必要量を決める基本的な計算をいうが、広義では生産計画と生産実施にかかわる総合的手続きをいう。したがって、この考え方を基幹として生産システム全体を構成することも可能であり、総合的生産計画・管理の手法といえる。

そのような考え方を具現化した手法が、クローズドループ型MRPである。さらに、近年のITの特質を考慮するとともに、経営サイドの要請に従って情報システムパッケージとして開発された手法が、ERP(Enterprise Resource Planning)である。

(1)　MRPの基本情報

機械や電器製品などを組立生産する場合、最終製品の生産計画が確定したならば、その計画を確実に遂行するため、製品を構成する部品を準備しなくてはならない。内製する部品もあれば、外注しなくてはならない部品もある。近年の製品は膨大な数の部品で構成されるのが普通で、その発注、生産、在庫管理は大変のため、MRPの導入で大きな貢献が期待できる。製品の組立生産を支

援するMRPを想定すれば、MRPは基本的に次の3事項を決める。

① 構成部品がいくつ必要か。

② 構成部品がいつ必要か。

③ 必要に応じていつ発注すればよいか。

MRPの概要を、基本計画要素ごとに概説すれば、次の❶～❸になる。これらの基本要素は、MRPを基幹とした生産システムを構築する際、サブシステムもしくはマスターファイルを構成する。

❶ ビルオブマテリアルズ(Bill Of Materials)

最終製品に必要となるすべての部品の構成表であり、生産・在庫計画を行っていく場合の源である。これが記述されたファイルはBOMファイルとも呼ばれる。最終製品が組み立てられるまでに、部品の副次的組立がなされる場合、部品構成は多階層となるが、BOMファイルには、階層レベルがわかる構成部品認識番号(コード)、部品内容、上位レベルの部品を組み立てるための必要量が記述されなくてはならない。**図2.11**に、製品(電気スタンド)とそのBOMファイルの一例を示す。

BOMファイルは、MRPを施行するための基幹をなすため、その記述には100%の正確さが要求される。設計変更に迅速に対応できるように、これが記述されたファイルを書き換えるコンピュータシステムとその体制が必要となる。

❷ マスタープロダクションスケジュール(Master Production Schedule：MPS、基準生産日程計画)

最終製品をいつどれだけ作るかの計画で、予測需要量をもとに作成するのが一般的である。MRPでは、生産計画量を設定する単位期間をタイムバケットと呼び、多くの場合、1週間がその期間として設定される。その一方で、**2.2.3項**で説明した全般的生産計画の結果がMPSである。つまり、各タイムバケットでの生産計画量を、予測需要量をもとにした在庫計画などを勘案しつつ、生産能力の有効利用を図るよう決定した結果がMPSである。

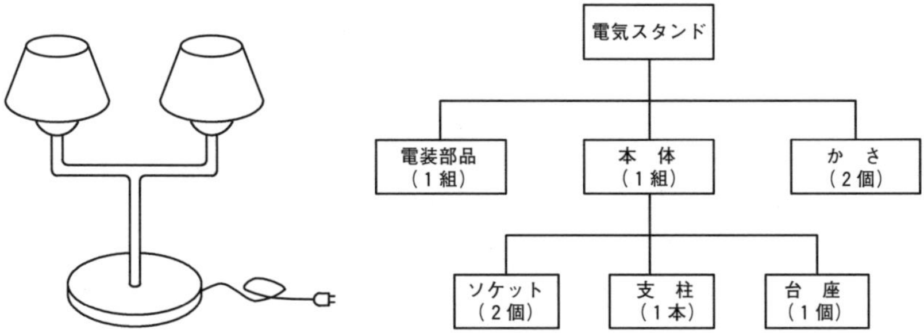

(a) 製品外観図　　(b) 構成部品の階層関係

BOM：電気スタンド（製品コード：EL100、組立リードタイム：1週間）

部品コード	部品名	必要数	納入リードタイム［週間］
EL100E101	電装部品	1	3
EL100B102	本体	1	1
EL100S201B102	ソケット	2	2
EL100M202B102	支柱	1	1
EL100W203B102	台座	1	1
EL100F103	かさ	2	1

(c) BOMファイルの例

図 2.11　製品(電気スタンド)とその BOM ファイル(例)

❸ 構成部品の在庫量

MRP は、BOM にもとづいて MPS を確保できるよう構成部品を準備する役割を担うが、「在庫があるかどうか」「(あるならば)どれだけの量があるのか」の情報を提供する必要がある。したがって、MRP の施行には、MPS、BOM とともに構成部品の在庫情報が重要である。在庫には、現在実際にもっている手持ち在庫と、現在はない(既に発注済みで必要となる時点では在庫となっている)ものがあり、両者を把握して在庫情報とする必要がある。

在庫情報を与える在庫ファイルは ISF(Inventory Status File)と呼ばれ、BOM に対応する部品認識番号、発注してから納品されるまでの時

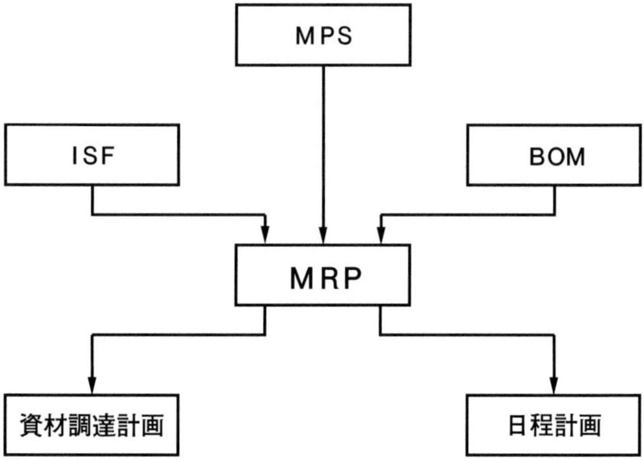

図 2.12　MRP のシステム概念

間であるリードタイム、部品内容、発注業者のリスト、どのくらいの量をまとめて発注するかを示すロットサイズが記載される。

MRP は、以上の BOM、MPS、ISF の情報を入力として、いつ、どの構成部品を、どれだけ発注するかを決定する。そのシステム概念は、**図 2.12** となる。

(2)　MRPによる生産・在庫計画

MRP による構成部品の発注計画の具体的な手順を、**図 2.11** に示す事例の製品「電気スタンド」および部品の「本体」「ソケット」「かさ」をもとに考えよう。

まず、MPS の各タイムバケット(**図 2.13** 中では、計画期)における生産計画量の情報と BOM より、最終製品の組立に必要となる部品の各タイムバケットの総所要量(gross requirements)が設定される。部品「本体」の場合、製品１つに１個が必要となることから、製品の製造指示量と等しい量の部品総所要量となる。

次に、この部品の ISF を検索し、手持ち在庫量(on hand)と先の期に発注し

150－50＝100

電気スタンド（EL100）の組立計画

計画期	1	2	3	4	5	6	7	8	9	1 0
総所要量	−	−	−	150	140	130	150	140	160	140
既発注量										
手持ち在庫			50	0						
正味所要量				100	140	130	150	140	160	140
製造指示量			100	140	130	150	140	160	140	

140×1

本体（EL100B102）の発注計画；納入リードタイム＝1週間

計画期	1	2	3	4	5	6	7	8	9	1 0
総所要量			100	140	130	150	140	160	140	
既発注量										
手持ち在庫		30	0							
正味所要量			70	140	130	150	140	160	140	
発注量		70	140	130	150	140	160	140		

140×2

ソケット（EL100S201B102）の発注計画；納入リードタイム＝2週間

計画期	1	2	3	4	5	6	7	8	9	1 0
総所要量		140	280	260	300	280	320	280		
既発注量		50								
手持ち在庫	120	30	0							
正味所要量			250	260	300	280	320	280		
発注量	250	260	300	280	320	280				

（120＋50－140＝30）

160×2

かさ（EL100F103）の発注計画；納入リードタイム＝1週間

計画期	1	2	3	4	5	6	7	8	9	1 0
総所要量			200	280	260	300	280	320	280	
既発注量										
手持ち在庫										
正味所要量			200	280	260	300	280	320	280	
発注量		200	280	260	300	280	320	280		

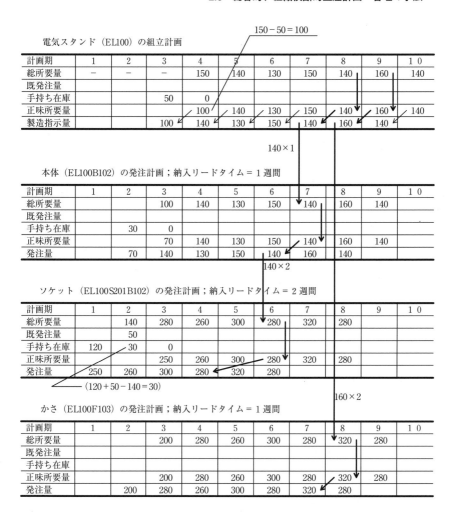

図 2.13　MRP の計画手順

てある在庫量(既発注量：scheduled receipts)を明らかにする。そして、これら在庫量と総所要量を照らし合わせ、各タイムバケットで新たに準備する必要のある部品の量(正味所要量：net requirements)を算定する。

各タイムバケットの正味所要量を満たすように、部品の納入リードタイムを考慮して、リードタイム分だけ前の期のタイムバケットに発注量(planned order releases)として設定する。このリードタイム分だけ前の期に発注することをオフセッティング(offsetting)と呼ぶ。

部品を内製している場合、納入リードタイムは製造リードタイムである。また、部品「本体」は、部品「ソケット」「支柱」「台座」で構成されるが、個々の部品の発注計画は、部品「本体」の発注量がその構成部品の総所要量を与え、同様の手続きで施行される。

以上、MRPの概要を述べたが、その実際上のシステム構築およびシステム運用に際しては検討しなければならない注意点がある[13)]。例えば、ロットサイジングの問題などである[14)]。

(3)　MRPからERPへ

MRPは、種々の変遷を経てERPに受け継がれている。本項では、その変遷の概要を見てみよう。

MRPは前項までに述べたように、基本的にはMPS、BOM、ISFをもとに最終製品を構成するすべての部品の発注もしくは製造指示を行う計画をいう。したがって、MRPから日程計画や調達計画にかかわる部門に情報が渡された場合、MRPの役割は終わる。情報のフィードバックが特に考慮されないことから、このレベルのMRPをオープンループ型MRP(open-loop MRP)と呼ぶ。

これに対し、調達計画・管理プロセスやスケジューリングからMPSに必要な情報をフィードバックする機能をつけ加えたものをクローズドループ型MRP(closed-loop MRP)と呼ぶ。これは、MRPの拡張であり、その後の多く

---

13)　例えば、自動車を購入しようとする顧客は、自分の好みに応じて数種のオプション(エンジン、内装、スタイルなど)のなかから自由に組み合わせた車を購入できる。これはオプションの組合せ数分だけ最終製品ができることを意味する。そのため、個々の製品について、「MRPを施行するべきかどうか」「構成部品の安全在庫と欠陥品に関する問題をどう扱えばよいか」などを検討する。

14)　**図2.13**の例では、正味必要量はそのまま一つのロットとして発注する方法(ロットフォーロット法：lot-for-lot ordering)で算出されるものの、発注費用や在庫費用などを考慮すれば、より適切に設定することも考えられる。以上の課題に対して、さまざまな方法が考えられてきたが、紙幅の都合上、他書に譲る。

の生産情報システムに関わるソフトウェアパッケージの基本的な概念である[15)]。その代表がERPである。ERPの詳細については**1.6.1項**(2)で述べたので、ここでは省略する。

2.3.2　JIT

(1)　JITの基本概念

JIT(Just In Time)生産方式とは、カンバンと呼ばれる工程間の情報伝達票を巧みに運用して、必要な物を、必要な時に、必要な量だけ、適時適切に供給して生産を行う方式をいう。トヨタ自動車が始めてこの方式を採用したことから、トヨタ生産方式(Toyota Production System：TPS)とも呼ばれる。

在庫の圧縮を図るようカンバンを運用し、その指示どおり生産を行うためには、製造現場に種々の改善が必要となり、それが生産の効率を上げる誘因ともなる。そのため、近年注目され、世界中にその考え方が広まっている。特に、JITに向けての製造現場の改善方法は集約化・体系化され、カンバン方式の利用に限らず在庫の圧縮、生産性の向上に貢献することから、JITシステムとして広く認識されている。当初こそ「MRPか、JITか」などという二者択一の議論があったが、現在、両者は併存できると広く認識されている。

以下、JITの基本であるカンバン方式の概要について説明する。

(2)　カンバンシステム

カンバンは、工程間の情報伝達票である。そのため、後工程(例えば製品組

---

15)　MRPの拡張には、以下のやり方がある。
　① 生産能力をチェックするCRP(Capacity Requirements Planning)の機能を付け加えた拡張、
　② マーケティング、財務、製造現場の状況に関する情報のすべてを統合して製造設備、人的資源などの生産資源を、利益や投資利益率などの財務指標の向上を計るように有効配分するMRP II (Manufacturing Resource Planning)、
　③ 物流計画に応用したDRP(Distribution Requirements Planning)がある。
　特に、②MRP IIは、BRP(Business Requirements Planning)とも呼ばれ、ERPに引き継がれていく。

立工程)が、前工程(例えばある部品の加工工程)で加工を完了した部品(または半完成品)を引き取り、作業に着手する場合に、前工程に引き取った量の生産を指示する役目をカンバンは担う。こうした情報伝達票として、製造指示を行う「生産指示カンバン」と、引き取る量、さらには引き取る時期を認識する「引き取りカンバン」の２種類を設定し、連続する工程間の情報伝達と物の流れを同期化させる。ここで、生産指示カンバンおよび引き取りカンバンの一例は、**図 2.14** である[2]。これらカンバンを用いて、工程間の情報伝達と物の移動を**図 2.15** に従って説明すれば、次のように行われる[24]。

今、後工程の側に引き取りカンバンと素材の入ったいくつかのパレットが置かれているとする。後工程の作業者は、素材をパレットから取り出して次々と作業を行い、パレットが空になった段階(またはパレットの素材に着手した段階)で引き取りカンバンを引き取り、カンバンポストに入れ(1)、次のパレット

置場 棚番号　5E215　背番号　A2−15	前工程
品番　35670507	鍛造 B−2
品名　ドライブピニオン	
車種　SX50BC	後工程
収容数: 20　容器: B　発行番号: 418	機械加工 m−6

(a) 引き取りカンバン

置場 棚番号　F26−18　背番号　A5−34	工程
品番　56790−321	機械加工
品名　クランクシャフト	SB−8
車種　SX50BC−150	

(b) 生産指示カンバン

出典)　門田安弘(1991)：『新トヨタシステム』、p.70(図 2.1、図 2.2)、講談社

図 2.14　生産指示カンバン、引き取りカンバンの一例

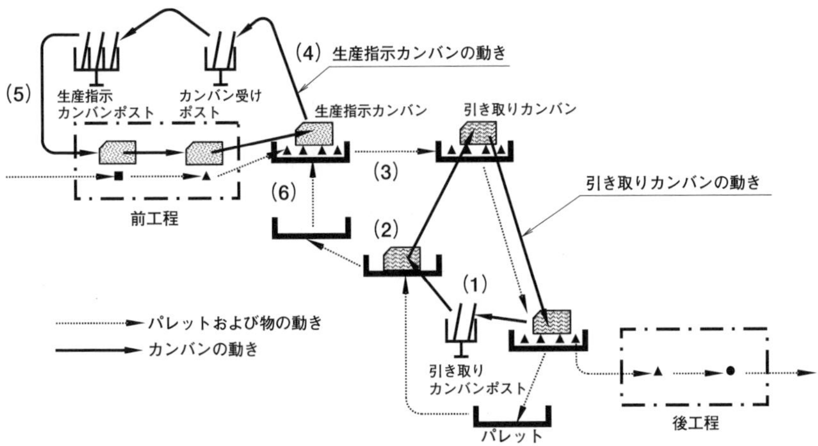

出典）　門田安弘(1991)：『新トヨタシステム』、p.76、講談社を参考に筆者作成

図 2.15　カンバンによる工程間の情報伝達と物の移動

の素材の加工に移る。もしポストに引き取りカンバンが所定の枚数貯まっている場合は、その時点で空のパレットと引き取りカンバンを持って前工程に行く(2)。そして、前工程で加工を完了した製品のパレットから、引き取りカンバンに指示されている製品の入っているパレットを探し、引き取りカンバンの枚数分のパレットを持ち帰る(3)。このとき、パレットに生産指示カンバンが入っているので、それをカンバン受けポストに入れる(4)とともに、持参した引き取りカンバンをパレットに入れる。

一方、前工程では、生産指示カンバン受けポストに並ぶカンバンの順序に従って、指示どおりの製品の加工を、指示量どおり行い(5)、パレットに生産指示カンバンとともに入れて傍らに置く(6)。このように、生産指示カンバンの指示による生産と引き取りカンバンの指示による素材の引き取りはすべての工程で施行される。例えば、後工程では、生産指示カンバンのポストに入っているカンバンの指示どおりの製品を、必要な素材が入っているパレットを準備して生産することになる。

以上、製造指示は、後工程から前工程に向かって行われるので、引っ張り方式またはプル生産方式とも呼ばれる。営業拠点で顧客が最終製品を購入したとき、販売量の情報が工場に伝達されると、売れた量だけの生産の指示が前工程に伝達され、半完成品の生産、部品の生産、さらには納入業者への原料または部品の納入指示が行われる仕組みである。この仕組みを徹底しておけば、生産計画なくしても売れた分だけの生産は、確実に行われる。

(3)　JITの効果

カンバンシステムを確実に運用することで、情報の流れと物の流れは同期化できる。したがって、カンバンの枚数およびそこに指示される量は、生産量であると同時に工程間の在庫量でもある。このことからカンバンは、生産量と在庫量をコントロールする道具ともいえる。カンバンの枚数を削減すれば生産すべきロット量は小さくなり、在庫量も少なくなる。

最も極端な例だが、カンバンに書かれるロット量を１個、カンバンポストの容量を１枚、つまり１枚引き取りカンバンが出た段階で前工程に引き取りに行くとする場合、工程間在庫は１個で、１回の生産では１個の生産しか行われない。これを１個流しと呼ぶ。このように局所的にはカンバンの枚数を少なくすれば在庫圧縮に繋がる。製造ライン全体で生まれる効果の程度を**図2.16**の例で見てみよう。

図2.16は、５工程の製造プロセスによって完成する製品10個の工程間の動きを例示したものである。カンバン１枚に指示される引き取り量および生産量を１個として、(A)は10枚、(B)は５枚、(C)は１枚のカンバンが貯まった時点で前工程に引き取りに行く場合を示している。なお、簡単のため各工程での製品の加工時間はどの工程も同じで、工程間の移動時間は０時間としてある。

10個が一つの注文とすると、10個すべてが加工を完了する時間を製造リードタイムと呼ぶ。(A)、(B)、(C)を比較すれば、カンバンの枚数を少なくするほど、仕掛品が工程間で在庫される時間が少なくなるため、一定時間内に生産できる個数(生産性)の向上につながる。これがJITの直接的な効果である。

他にも、例えば前工程の生産が停滞し、最終製品の配送に支障をきたす可能

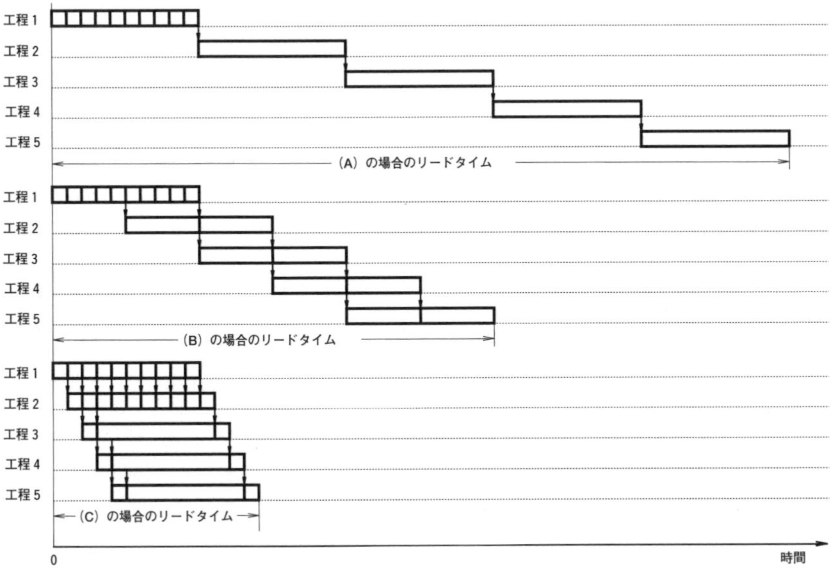

図 2.16　カンバン枚数の変化による製造ラインで生まれる効果

性を減らすためには、個々の現場で製造設備の改善を含めた製造プロセスの改善努力が必要とされる。在庫が極限まで削減されると不良品の発生は許されず、積極的な改善活動の動機づけとなり、最終的に顧客へのサービス向上に繋がる。

以上、カンバンシステムを運用することで、生産管理の目的である生産性の向上と在庫の圧縮を達成できる[16)]。

近年ではグローバルな物流環境を考慮する必要がある。そのような環境でもJIT を推進させようとの動きがあるが、政変や突然の自然災害、近年の新型コロナウイルス感染の拡大による生産活動の停滞などで、必ずしも JIT が適さない場合があることに注意しなくてはならない。しかし、JIT に向けた従業員の意識変革や改善活動の推進は、その企業の組織能力の向上に繋がることは疑いがない。

(4)　JIT概念の拡大とMRPとの融合

(a)　JIT システム

前項では、カンバンシステムが有効に機能すれば在庫の圧縮と生産性の向上という生産計画・管理の重要な目的が達成されることを見てきた。そのためには、製造現場での種々の改善努力が必要になることが前提である。この改善の指針は体系化され JIT システムと呼ばれる[25][26]。その概要を**図 2.17** に示す。

JIT システムの個々の要素は、単体でも製造現場改善の指針となり、生産性を向上させる誘因にできる。実務界では、「JIT は具現化することは実際に難しいが、追求することで得るものは大きい」と捉える人が多い。なぜなら、JIT の完遂を目指すには、改善を継続し続けなければならず、それが関係者の意識変革とその企業の組織能力の向上に結びつくからである。

(b)　JIT と MRP の融合

JIT は、コンピュータの介在なしにカンバンという情報伝達手段を用い、製造現場主導で生産のコントロールを行う仕組みである。この点で、JIT は、製造現場の詳細な計画・管理までコンピュータを介してコントロールしようとするショップフロアコントロールシステムと異なる。人手に頼る必要のある製造現場の詳細かつ正確なコントロールを、コンピュータに任せるのが難しい現状

16)　この効果を上げるには次の諸点を考慮する必要がある。

①　頻繁に前工程に引き取りに行く必要がある。工場内だけで行うのなら問題は少ないが、工場間、営業拠点と工場間、工場と納入業者間に適用した場合、頻繁な輸送が必要となり、交通渋滞を引き起こす。また、トラックなどを利用した場合、公害問題に発展する可能性がある。

②　生産設備の段取替えを行いつつ複数の製品を生産する場合、段取替えの時間を短縮するよう意識しなければ、かえって段取替えの時間が増えてしまい、生産性を低下させる。シングル段取り(段取替えを 10 分未満で行うこと)を達成するための製造設備や段取り作業などの改善努力が課題となる。

③　すべての工程でカンバンを的確に運用するためには、作業員の動機付けと、そのための指導を行う必要がある。

④　製品の需要が不安定ならば品切れを回避するために在庫をもつ必要があるものの、カンバンシステムの利点を削ぐことに繋がるため、需要の安定化が重要である。そのためには、市場のコントロール、つまりマーケティング力の強化を計る必要がある。

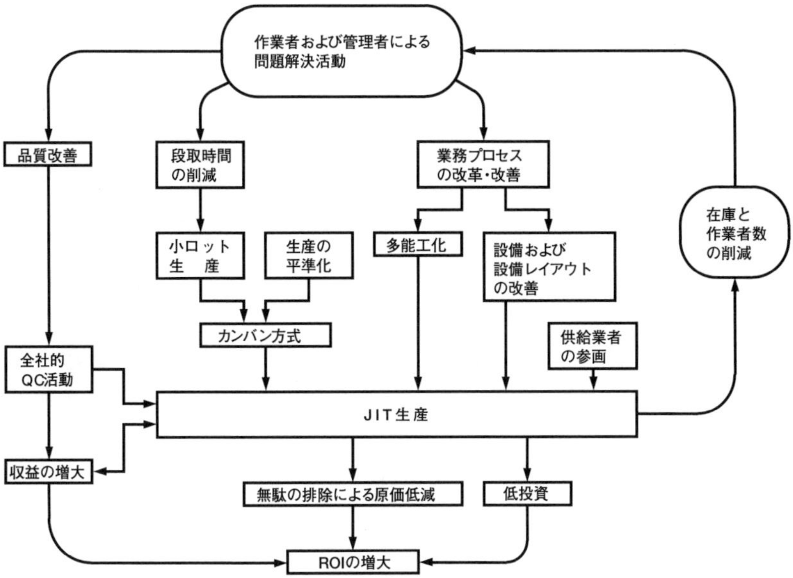

出典）　門田安弘(1991)：『新トヨタシステム』、講談社および Schroeder, R. G.(1993)：*Operations Management, 4th ed,* McGraw-Hill をもとに筆者作成

図 2.17　JIT システムの概要

を考えれば、JIT は今でも有用な生産計画・管理手段である。

JIT だけで生産管理を行った場合には、「長納期部品などを製造する部品納入業者への生産委託をどのように行うか」「経営意思決定層など上位レベルの人々が、製造現場のリアルタイムな状況に関する情報をどのように入手するか」などの課題が浮上する。したがって、生産環境および経営環境などを見極め、「JIT を具体化すべきかどうか」「JIT と MRP を含めた情報システムとをどのように融合するのか」を検討することが必要となる。

前節でも見てきたように、MRP は生産にかかわる情報システムの中核にすることができる。もし MRP を導入した場合、そこから出力される発注もしくは製造指示情報は、下位システム(スケジューリングシステムなどのショップフロアコントロールシステム)に伝達され、個々の製造プロセスがコントロールされる。しかし、製造現場に JIT が導入されている場合には、下位システ

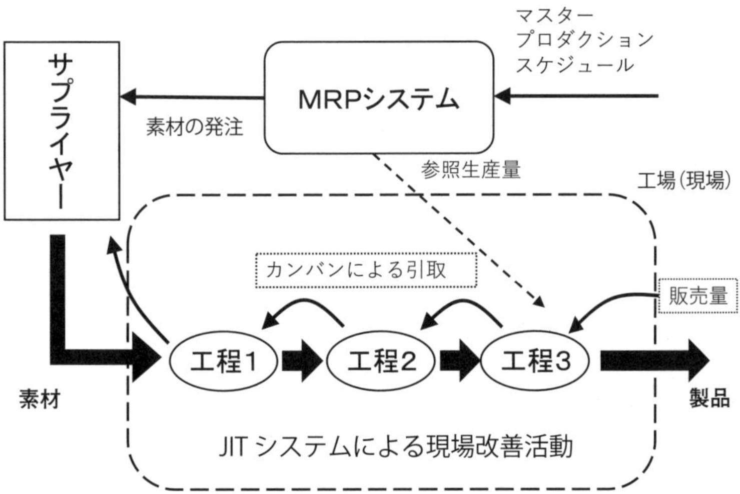

図2.18　MRPとJITの融合

ムのすべての工程に伝達するのではなく、最終工程に製造指示がなされるため、ショップフロアコントロールは形式的には不要となる。また、JITが的確に運用されている場合、納入リードタイムは0と設定できるので、在庫ももたなくて済む。

MRPとJITが融合した場合のシステム概念は、**図2.18**となる。

2.3.3　OPTとTOC

OPT(Optimized Production Technology)とは、1970年代にイスラエルで開発された管理技術で、生産能力に阻まれずに生産性を向上させる技術であり、OPT原理[17)]によって支えられているソフトウェアパッケージである。この詳細なアルゴリズムは公開されていないものの、その原理(脚注17参照)だけでも有用である。

OPT原理から理解できるように、OPTの目的は、ボトルネック工程[18)](以降、ネック工程)の利用率の最大化である。そのために、例えば、ネック工程で作るべき製品の一部をネック工程になっていない製造設備で生産する。一方で、ネック工程では利益の上がる製品を選んで生産したり、ネック工程の生産率に合わせるよう従属製品の生産量のスケジューリングを行ったりする。また、JIT のように個々の製品の生産ロットサイズを同一化する(つまり、プロダクトミックスを定率に保つ)のではなく、それを変化させることによっても、ネック工程の利用率の最大化を達成しようとする[19)]。

TOC(Theory Of Constraints)とは、OPT の背後にある考え方を、生産分野

---

17)　OPT 原理は以下のとおりである。

①　所有する設備能力を平均化するよりも物の流れの同期化が重要である。

②　ボトルネックではない工程では、ボトルネックとなる工程で加工すべきワークも、場合によっては加工することを考えるべきである。

③　資源の利用率と活性度は同じではなく、活性度はある資源の使用、未使用にかかわらずその資源を通過する製品の通過時間であり、利用率はボトルネック資源と同等の割合で資源を稼動することである。

④　ボトルネック工程は、売れ筋製品をどれだけ生産するかを決定することになり、この点でボトルネック工程での1時間の損失は、システム全体の1時間の損失と同じである。

⑤　ボトルネック工程の節約は生産能力の拡張に通ずる。

⑥　仕掛在庫は、ボトルネック工程を有効に利用するための役割を担う。

⑦　工程間移動の際のロットサイズは、いつも同じとするのではなく、ある工程で加工を完了した製品は、ロットすべてが加工を終わらなくても次の工程で加工に着手するなどの、必要に応じた分割を許す。

⑧　各工程での生産ロットサイズは固定せず、需要量や段取り時間に応じて、また工程間で変更すべきである。

⑨　日程計画はすべての制約を同時に考慮して策定されるべきであり、リードタイムはその計画の結果であって、先に決めてかかるものではない。なおリードタイムは、ロットサイズ、工程間移動のロットサイズ、工程での着手優先順位などの関数である。

18)　製造作業のなかで、一番生産能力が低い工程(設備・作業)を、瓶で一番狭い部分(bottleneck、瓶の首)に見立てた言葉。例えば、大海のなかにビール瓶を落とした場合でも、瓶の中身が一瞬で満たされることはない。ビール瓶で一番狭い首の部分が、瓶本体に流れ込む水の量を決めるからである。

19)　OPT の手順の概要は、以下のとおりである。

①　ネック工程を見つける。以下の式が成り立つワークステーションがネック工程である。
(すべての製品の1カ月の生産量)×(各ワークステーションでの1個当たりの作業時間)≦当該ワークステーションの生産能力

②　ネック工程には、フォワードスケジューリングを行う。ネック工程で大量に処理できるようバッチサイズを大きくするなどの対策が有効である。もしできなければ前倒しする。

③　ネック工程の作業ができるように、それにつながる前工程の作業のスケジューリングを行う。リードタイムはロットを分割することで減らせる。

だけでなく経営全般の合理化・効率化に関する問題や、その他の多様な問題を解決できるように拡張した考え方で、*The Goal*[27]（小説風の書籍）により、世界中に広まった。つまり、TOCは、「システムの目的（ゴール）の達成を阻害する制約条件を見つけ、それを克服するためのシステム改善手法」といえる[28]。上述のOPT原理に見られるように、当初、TOCはスケジューリング問題を解決するために、ネック工程に起因する問題を制約条件と捉えて改善する手法として登場した。

OPT原理による改善を推進するには、組織の方針転換を図る必要がある。その際、複数の部門が対立したり、改善が達成されて生産能力に余裕が生まれたとしても売上が伸びないと改善が無駄になるため、市場拡大の手法が必要とされた。これらの副次的な問題を解決するには、妥協案ではないブレークスルー案[20)]を考え出して実行する必要がある。そのために発案されたのがTP（Thinking Process：思考プロセス）[21)]であり、先の生産性改善手法と合わせてTOCと呼ばれるようになった。

2.3.4　SCMとDCM

原材料産業、中間財製造業、最終製品製造業から流通業へと至る物の流れをサプライチェーンと呼ぶ。チェーン内の個々の企業が余分な在庫をもつことは、それら在庫の総費用が最終製品の価格に転嫁されるので価格競争力の低下を招くうえに、製品ライフサイクル短命化が進むなかで経営リスクの

20）　従来とは質的に異なる方法によって生み出された解決案のこと。

21）　TPとは、「変化を起こし、実行に移す系統的手法」、つまり「何を変えれば良いか」「どのような姿に現状を変えれば良いか」「どのように変化を起こせば良いか」の思考プロセスに順次答えていくためのステップの体系であり、その概要は次のとおり、極めて体系化された問題解決プロセスである。

まず、「何を変えれば良いか」と問い、現状の問題点を列挙し、そこから“現状問題構造ツリー”ツールで原因となる中核問題を絞る。次に、「何に変わるのか」と問い、中核問題を解消するブレークスルーアイデアを“対立解消図”で支援して発見する。また、そのアイデアの良し悪しを“未来構造問題構造ツリー”で明確にする。最後に、「どのようにして変化するか」と問い、提案されたアイデアを実行するうえでの障害と中期目標の明確化を“前提条件ツリー”で行い、中期目標の達成順序の明確化を“移行ツリー”で行う。

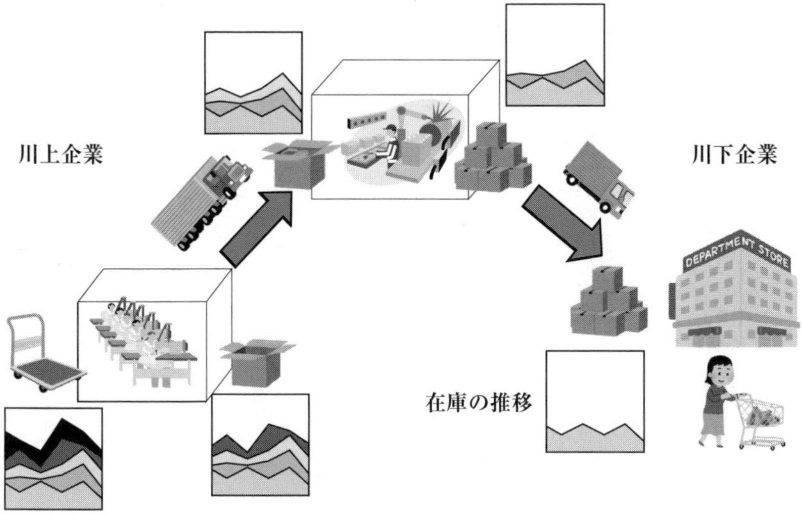

図 2.19　SCM と鞭効果

原因にもなる。このような状況下で、ますます在庫管理は重要になりつつあり、それらへの解決方法を探るサプライチェーンマネジメント(Supply Chain Management：SCM)が現代企業の重要な経営課題となっている。

SCM が注目されたのは、鞭効果が広く認識されたためである。**図 2.19** に示すように、川下にある企業に的確に商品の供給を行うために、川上にある企業は品切れを恐れて余分な在庫をもつ傾向にあり、それが川上に行くに従って積み上がっていくのが鞭効果である。

サプライチェーン内の企業が在庫情報を共有して在庫管理を適切に行い、鞭効果を回避することが SCM の大きな目的である。このとき、SCM は、在庫管理に留まらず生産と物流、さらには生産と販売の統合化と捉えることもできる。つまり、顧客からの製品供給要求に対して、迅速かつ低コストで生産・販売できる仕組みを構築しようとする試みである。

同一企業内での生産・販売プロセスの改善・革新はもとより、そのプロセスの対象が複数企業にわたる場合の取組みは容易ではない。しかし、企業間の調整が可能となれば、今までにない改善・革新が可能となることから、各業界で種々の取組みが行われている。この視点は、計画・管理情報の流れにもとづく組織横断的な生産と販売の統合の一環と考えることができる。

企業内・企業間にかかわる情報を扱う SCM に対し、消費者・顧客の製品ニーズや製品仕様にかかわる情報を、迅速に設計プロセスに伝えるための取組みは、デマンドチェーンマネジメント(Demand Chain Management：DCM)と呼ぶ。「DCM を SCM に含めるべき」と主張する研究者も多い一方、「インターネットの発達はデマンドチェーンをサプライチェーンとは異なる方向で発達させる誘因になっており、その点で DCM は独自に検討されるべき」と主張する研究者や実務家も多い。いずれにしても、顧客ニーズにリアルタイムで対応することが重要な戦略である時代のなかで、DCM に注力することは供給者が顧客に向けて自らの変革を示すための原動力になり得ることは事実である。

インターネットが流通プロセスに果たす役割が大きくなるにつれ、消費者と流通業者もしくは製造業者の間に、情報の集約・仲介をする業者が生まれ、技術情報の流れにもとづく組織横断的な情報環流の仕組みが形成されつつある。

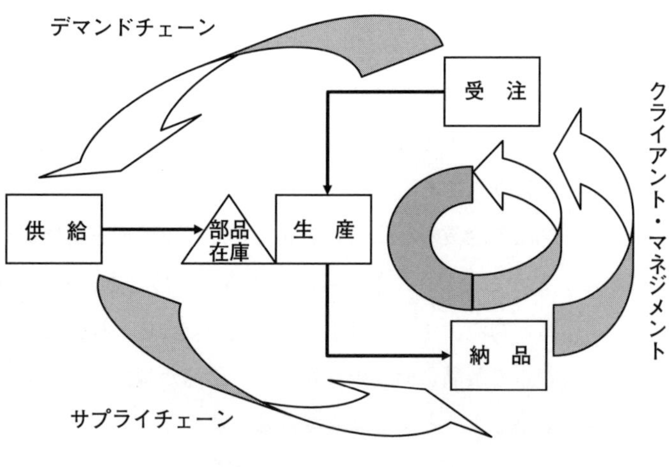

出典)　松島克守(2001)：「21 世紀型製造業のビジネスモデル」、『経営システム』、11 巻 1 号、pp.9-13

図 2.20　SCM、DCM、CRM の関係

このようなデマンドチェーンとサプライチェーンを有効なものにするには、顧客が望む製品像を明確にしたうえで、製品を購入した顧客に対して製品のメンテナンスおよび不平不満に関する情報の収集等を追尾することが肝要である。このように顧客を管理することを、個別企業におけるクライアントマネジメントまたはCRM（Customer Relationship Management）と呼ぶ。

以上のサプライチェーン、デマンドチェーン、クライアントマネジメントの関係は、**図2.20**となる。これら3つにかかわるマネジメントおよびそのIT支援が有機的に統合できたとき、まさに生産と販売の統合、さらに言えば顧客と流通業務、受注業務、製造業務、調達業務が一体となった仕組みが可能となる。

2.4　工程管理、品質管理、原価管理

2.4.1　工程管理

工程管理とは、「生産計画もしくは日程計画に従って製造プロセスが進行しているかどうかをチェックすること」である。計画より遅れている場合、生産速度を上げる対策を施す必要がある。また、時間的余裕のある作業員や遊休状態にある設備があれば、新たな製品需要を掘り起こすなど、生産資源を有効に活用する対策を施すよう、上位の計画・管理プロセスに情報をフィードバックする必要がある。このとき、工程管理に必要となる情報をコンピュータ支援で収集する手段に、POP（Point Of Production：生産時点情報管理）がある[22)]。

---

22)　POPとは「製造現場で時々刻々に発生する生産情報を、その発生源である機械、設備、作業者、ワーク（加工対象物）から直接に採取し、リアルタイムに情報処理をして、現場管理者に提供すること[24]」を目的とするコンピュータシステムである。

具体的には、工作機械やロボットなどから、各動作に関する情報を内蔵CPUやセンサを介して収集する。作業者からは各動作に関する情報をバーコード方式やキー入力などで、ワークについてはその固有名や製造ライン内の位置をバーコード方式などで、ワークの特性・性能・寸法などは試験器や計測器を介して収集する。

こうした情報を、POPではLANを介して集中させることで、生産実績、生産進捗状況、設備稼動状況、仕掛在庫数などを把握して、生産能力のバランス調整、作業計画の変更指示、設備管理、品質管理、原価管理などをリアルタイムかつペーパーレスで行おうとする。

近年では、RFID(Radio Frequency IDentification)や非接触 IC など、多様な IoT デバイスによる情報授受の具現化が検討され、より容易かつ正確に現場の状況を把握する方法が模索されている。導入するには投資対効果を十分検討する必要があるが、製造ラインのフレキシビリティの増大、的確な個別原価の把握など近年の生産が抱える課題に対処する一つの方策である。

2.4.2　品質管理

Garvin によれば、品質の基準は、①性能(performance)、②付加機能(features)、③信頼性(reliability)、④規格適合度(conformance)、⑤耐久性(durability)、⑥サービス体制(serviceability)、⑦官能要素(aesthetics)、⑧認知された品質(perceived Quality)[23)]の 8 つとしている[29]。これらの基準すべてを適切に管理できれば、顧客満足を最大化できる商品を市場に供給できる。

製造プロセスの管理の観点では、「設計どおりの寸法・形状・性能の製品が、日程計画どおり生産されているかどうか」が重要で、Garvin の基準「①性能」に関係する[24)]。製造工程で品質を一定に保つことは狭義の意味での品質管理の最重要目標である。熟練した作業員でも、同じ製造機械であっても、製造する製品は少しずつ異なる。これを評価する指標には工程能力指数がある[25)]。

また、時代の進歩とともに、多品種少量生産が進行し、全数計測システムも発展したことで、品質管理で最もよく用いられてきた管理図の使用方法など、

---

23)　製品やサービスの特性を、当該ブランドの名声などの間接的な尺度で計る視点による品質をいう。

24)　時間的項目は工程管理に委ね、寸法・形状・性能に関する管理を対象とした場合、一般に QC 七つ道具(層別、特性要因図、パレート図、ヒストグラム、散布図、管理図、チェックシート[26])が用いられる。このとき、「予定どおりの製品が生産されているかどうか」「生産されていないならば製造プロセスのどの作業の遂行が問題なのか」が検討される。

迅速かつ効率的に品質管理を行いたい場合、検査プロセスを自動化したうえで、そこで得られたデータを解析し、問題点の発見を行う処理をコンピュータシステムにすることが望まれる。なお、QC 七つ道具については、TQC(Total Quality Control：全社的品質管理)時代に対応するものとして新 QC 七つ道具(親和図法、連関図法、マトリックス図法、系統図法、アローダイヤグラム、PDPC 法)[30]も提唱されている。

再考を迫られている方法もあることに注意する必要がある。

2.4.3　原価管理

原価は、表 2.8 の要素と代表的な費用項目からなる。「市場で決まる価格の変更が頻繁に起こり得る状況や、ソフトウェア開発投資など製造間接費の増大などによる原価低減の要求にいかに対応するか」が原価管理の重要な問題である。より高度なコンピュータシステムが、より広く導入されるにつれて、原価計算システムをより容易に構築できるようになってきた。

本項では、近年における経営環境および生産方式が、原価計算および原価管理にもたらしている特質について概説する。

近年の代表的な生産計画・管理の方式として、JIT および MRP がある。ま

表 2.8　原価構成

原価要素		主な費用項目
直接材料費		素材費、原材料費、 購入部品費など
直接労務費		製造過程で直接製造にかかる労務費
直接経費		外注加工費、特許権使用料など
製造間接費	間接材料費	補助材料費、消耗品費、消耗工具器具備品費
	間接労務費	直接工の間接作業賃金、間接工の賃金、手持賃金、休業賃金、給料、従業員賞与、手当、退職給与引当金繰入額、福利費、事務系給与
	間接経費	福利厚生費、減価償却費、賃借料、保険料、修繕料、電力料、ガス代、水道料、租税公課、旅費、交際費、保管料、通信費、棚卸減耗費、雑費

25)　複数の指標があるが代表的な指標 C_p は、次で算定される。

$$C_p = (USL - LSL) / (6\sigma)$$

USL：その製品に求められる、もしくは許容される上限規格値

LSL：その製品に求められる、もしくは許容される下限規格値

σ：その製品のばらつきの標準偏差

C_p が 1 であれば「製造された製品はほぼ規格内に収まって生産された」といえる。しかし、平均値からのずれが $\pm 3\sigma$ に入らない製品もあり、その製品さえも規格内に収まっているほうが好ましいことから、少なくとも $C_p > 1.33$ とするのが適切とされる。

ず、JIT の影響として、JIT そのものの導入が在庫削減、仕損率の低下、人的資源の有効利用に寄与することから、原価低減に役に立つとされる。また MRP では、そのシステムのなかに、部品マスターファイル、製品構成マスターファイル、工程マスターファイル、作業区マスターファイルをもっており、原価計算は多段階式部品構成表にもとづく原価積み上げシステムを採用できる。したがって、MRP を採用する場合、製品の標準原価と最新原価の両方を同時に計算できるメリットがあり、受注の際の的確な見積計算や利益管理に有用である。ただし、この MRP は導入そのものが原価低減に寄与するわけではないので、原価低減の方法として全社的品質管理(TQC)などに重点を置くこととなる。

このように代表的な生産方式が原価管理に及ぼす影響には、それぞれ特色がある。製造にかかわる情報システムを全社的視点から構築することが一般化し、自動化も進行するなかで、作業員の能率向上という標準原価計算の意義が失われつつある。また、もう一つの重要な要因である設備投資やソフトウェア開発費などは、原価要素の一つである製造間接費の増大を招いているものの、製品個別では計りにくいことから、その配賦が問題となっている。その方法として、米国の製造活動を基準に精緻な方法で配賦する活動基準原価計算と、日本の製品個別ではなく製品系列に直課する製品系列直課システムが現在提起されている[30]。

以上から、情報システムの導入は、原価把握に貢献し、その管理を有効にできる可能性を秘めている反面、導入そのものが原価把握を難しくする原価要素の製造間接費の増大を招くことにもなることに注意する必要がある。

2.5　マネジメントシステムとその役割

マネジメントシステムは、システマティック(合理的・科学的)に経営業務を推し進めるための方法論である。テイラーの科学的管理法が提言されて以来、さまざまな個別業務における方法論、もしくは方法が提言されてきた。それらを体系化して経営にかかわる各種業務を推し進めるものには、経営全般の指針を提示するもの(TQM、TPM、シックスシグマなど)から、ある程度厳格に業務の推進規定を定めるもの(ISOなど)まである。現代では、それらにかかわる賞や認証を取得することが、企業間の取引の際の要件となることも多く、多くの企業がその遂行を通じて自らの経営業務の高度化を目指そうとしている。

本節では、TQM、TPM、シックスシグマなどの概要を述べるとともに、その根幹ともなっている改善活動について概説する。

2.5.1 TQM、TPM、シックスシグマ

(1) TQM

TQMを簡単にいえば、**図2.21**に示す17の原則にもとづき、品質に注力して経営を行おうという考え方である[26)]。この原則の上に立てば、方針管理と日常管理を軸に経営が駆動されるともに、小集団改善活動とクロスファンクショナル活動(部署横断的活動)によって、より進化した経営を目指すことができるとされる[27)]。

(2) TPM

TPM(Total Productive Maintenance)を簡単に定義すると、「全員参加の生

---

26) TQMの推進を推し進める日本科学技術連盟の定義を借りるならば、次のようになる[31]。

「TQMは経営管理手法の一種です。Total Quality Managementの頭文字を取ったもので、日本語では「総合的品質管理」と言われています(総合的品質マネジメント、総合的品質経営と言われることもあります)。

TQMは、企業活動における「品質」全般に対し、その維持・向上をはかっていくための考え方、取り組み、手法、しくみ、方法論などの集合体と言えます。そして、それらの取り組みが、企業活動を経営目標の達成に向けて方向づける形になります。」

27) TQMを推し進めた企業に与えられる賞としてデミング賞がある。

戦後、我が国の産業界は、「製品の品質を向上なくして産業発展はありえない」として、米国から統計的品質管理の専門家であるデミング博士を招聘し、多くの産業人が彼の考え方を学んだ。その結果として、我が国は世界有数の品質立国になったといっても過言ではない。それを記念して設立されたのがデミング賞である。過去、日本の大多数の企業がこの賞を取得し、現在では、インド、タイ、中国、インドネシアなどが世界中の多くの企業や組織が、デミング賞の獲得に挑戦しようとしている。

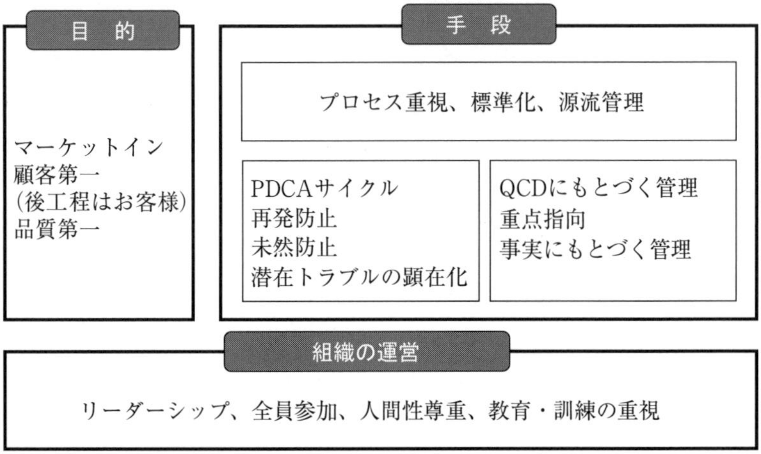

出典)　中條武志、山田秀(編著)(2006)：『マネジメントシステムの審査・評価に携わる人のための TQM の基本』、日科技連出版社の p.9、図 1.4

図 2.21　TQM における 17 の原則

産保全」、より具体的には「生産性の極限を追究し、実現するために行う全員参加による生産保全」である[28]。TPM は、具体的には生産システム内の次のロスに着目して、生産システム全体の効率化を目指そうとする。

①　生産効率を阻害するロスをすべて認識すること
　ロスは、大きく 3 分類(時間的ロス、人的ロス、物的ロス)できる[29]。

②　ロスの大きさを把握する仕組みを構築し、それから設備(もしくはプラント)総合効率を計算し、それを 100% にするように各種活動、特に下記の活動に重点を置くこと

28)　日本プラントメンテナンス協会では、TPM を公的に次のように定義している[33]。
「生産システム効率化の極限追究(総合的効率化)をする企業体質づくりを目標にして、生産システムのライフサイクル全体を対象とした“災害ゼロ・不良ゼロ・故障ゼロ”などあらゆるロスを未然防止する仕組みを現地現物で構築し、生産部門をはじめ、開発・営業・管理などのあらゆる部門にわたって、トップから第一線作業員に至るまで全員が参加し、重複小集団活動により、ロス・ゼロを達成することをいう」

29)　さらに細分化すると、16 大ロス(故障ロス、段取り・調整ロス、刃具交換ロス、立ち上がりロス、チョコ停・空転ロス、速度低下ロス、不良手直しロス、シャットダウンロス、管理ロス、動作ロス、編成ロス、自動化置換ロス、測定調整ロス、エネルギーロス、歩留まりロス、型・治工具ロス)に区分できる。

- 特に慢性ロスを認識し、それをなくすような対策を検討する。
- ロスのなかでも設備故障は影響力が大きいので、故障ゼロに向けての対策を検討する。

TPMを組織に根づかせ、ロスの発生を未然に防止するための仕組みを確立するための具体的な展開プロセスは主に6つあり、「❶トップによるTPM展開宣言」「❷TPM導入教育」「❸TPM推進組織の構築」「❹TPMの基本方針と目標の設定」「❺TPM展開マスタープランの作成」「❻TPMマスタープランの施行」となる[30]。

TPMには、ワールドクラス賞、アドバンスト特別賞、特別賞、優秀継続賞、優秀賞(カテゴリーA、カテゴリーB)などの賞が設定されていて、進展度に応じて受診することとなる。多いときには200社、現在でも100社の世界中の企業がこの賞に挑戦して、自らの業務の向上化を図ろうとしている。

(3)　シックスシグマとは

この名前の由来は、統計学の標準偏差を指す記号σに由来する。「製造工程で生産される製品の規格からのずれを基準値から$\pm 3\sigma$の誤差範囲に収めよう」「不良品が高々100万個中3、4個以内、さらにはゼロに収めるようにさまざまな活動を行おう」という活動である。

1980年代に米国モトローラ社で提唱した品質管理手法に起源がある。その後米国のGE(General Electric)社がそれを経営全体に適用できるように発展させ、GEを成功に導いたことから世界に知られるようになった。TQMにしても、TPMにしても、我が国の品質管理は、トップダウンとボトムアップの融合、もしくは現場の改善活動を中心に行うのに対して、シックスシグマは、トップ

---

30)　これら展開プロセスの要点は以下のとおりである。
- TPM賞の獲得など、推進の動機付けを設定する。
- 現在発生しているロスを解消するための個別改善活動を率先して推進させる。
- 自主保全体制の確立とともに、計画保全体制、初期管理体制、品質保全体制、教育訓練体制、事務管理部門の管理体制、安全衛生と環境の管理体制の構築と確立も同時並行して進展させる。

ダウンで品質の定量的評価を行うことに大きな特徴があり、米国の経営文化に適合している。

シックスシグマ活動は、専門の教育機関によって認定されるブラックベルトの資格を持つ人達が中心となって行う。さらにそれを補佐する人々はグリーンベルトと呼ばれる。その手順は明快な５つのステップ[31)]で構成され、これらをデータ重視で実行する。

2.5.2　問題解決、小集団改善・部署横断型改善活動

(1)　問題解決のためのプロセス

問題を合理的かつ科学的に解決する場合、一般的には「①問題分析過程」「②問題解決過程」「③評価過程」という３つのフェーズを辿る[32)]。

ロジカルシンキング、QC サークル活動(小集団改善活動)における問題解決手順としての QC ストーリー、シックスシグマの問題解決プロセスなど、どれも同じ手続きを踏む。この手続きを、次のように P、D、C、A と振り分ければ、経営の意思決定サイクルとなり、PDCA サイクルと呼ばれる。

- P(Planning)：問題分析～最良案選択
- D(Do)：実施(運用)
- C(Check)：評価
- A(Act)：改善(修正と再設計)

---

31)　５つのステップは以下のとおりである。
　① Define(定義)：問題を特定し、そこにフォーカスしたプロジェクト計画を立てる。
　② Measure(測定)：プロセスを理解するために、現状のパフォーマンスを測定する。
　③ Analyze(分析)：データを活用したプロセスの分析と、問題のつながりの解析により、根本原因を特定する。
　④ Improve(改善)：最適な解決策を適用し、プロセスを改善する。
　⑤ Control(定着)：継続的に望ましい結果を得るために、プロセスを管理する。
　さらに、これらステップは、製造業だけでなく、種々の業界、さらに企業の大小にかかわらず適用して、個々の問題解決を行い、製品だけでなくサービスの質の向上を図ることができることにも特徴がある。
　より詳細な内容については、例えば、Monoist：「例題で理解する「そもそもシックスシグマって何だっけ？(楊典子)」(https://monoist.atmarkit.co.jp/mn/articles/0911/10/news133.html)などが参考になる。

企業経営では、首脳部層、中間管理職層、現場従業員層の各階層および階層間で、常にこのPDCAサイクルを回すことが要点となる。その可不可が経営を判断するうえで重要な一つのキーポイントになる。

(2)　改善活動

多くの優良企業は、経営理念からブレークダウンした業務改善の指針を明らかにし、目標を設定し、それを実現できるように改善活動を中心とした種々の取組みを行っている。指針は数年ごとに見直され、次なる指針へと引き継がれていく。そこに登場する改善活動の方法論も、時代に即して変更されていく。前項のPDCA(Plan、Do、Check、Act)といわれる経営活動の管理サイクルを確実に行うことで、堅実な経営を行うことができる。そのなかで、何年かに一度、指針から方法論までを一気に見直す機会を設けることができれば、従業員に常に学習の動機づけを与えることができる。

我が国の改善活動には長い歴史がある。多くの専門家が体系化にしのぎを削ってきたおかげで、ほぼ完成された活動である。改善はKaizenと表記され、世界に通用している。このような改善活動の概要[33]は、以下の「コラム」を参考にしてほしい。

---

32)　各フェーズの具体的な内容は以下のとおりである。

①　問題分析過程

Step 1：問題認識…解決するべき問題の認識とその問題の範囲を明確化する

- 既に問題がわかっていて、どの問題から手を付けるかの認識
- 「あるべき姿」はわかっているけれど、問題は不明

Step 2：要因分析…問題に含まれる要因を列挙する

Step 3：Step2で挙げた要因に関わって経営環境および内部情報を収集する

②　問題解決過程

Step 4：代替案を作成する…集めた情報をもとに、提示された問題に対して複数の代替案を作成する

Step 5：代替案を評価する…案が実施されたときの結果に対する価値を評価する

Step 6：最良案を選択する(最適案ではないことに注意する。情報収集や意思決定の時間が限定される)

③　評価過程

Step 7：予測・分析する(リスクマネジメント)

Step 8：運用する…実際に行動する

■ コラム：改善活動の概要 ■

改善活動には、そこに参加する従業員の階層、部署の範囲、その目的によってさまざまな種類がある。

- QCサークル：主に品質の向上を目的として部署内、特に現場作業員が主体となって参画する改善活動である。
- 小集団改善活動：品質の向上にとらわれず、生産性向上や各種業務改善を目的とした活動である。近年、サービス業、事務職、販売職、IT部門など、さまざまな部署の人々がこの活動に取り組んでいる。QCサークルを小集団改善活動と呼ぶ場合もある。
- 部門横断型改善活動：クロスファンクショナル改善活動とも呼ばれる。一つの部署内だけで問題解決が図れる状況が少なくなりつつあるなかで、部署、部門を越えてグループを構成して問題解決を目指す活動である。サプライチェーンマネジメントの推進が重視され、近年では後述するDX(Digital Transformation)が叫ばれるなかで、この活動の重要性は増している。
- 企業横断型改善活動：サプライチェーンの効率化やDXを進めるためには、一企業で問題解決するには限界がある。関連企業から関係者を集合させて活動を推進する必要がある。イノベーションの推進、つまりは新結合の推進には欠くことができない活動であり、後述するイノベーションコミュニティでその概要を述べる。現場作業員の創意工夫とモチベーションを根底とした改善活動は、我が国の産業発展の基礎を担ってきた。多くの日本企業がグローバル展開する近年、「改善活動を世界各国の事業所でいかに展開していくか」は重要な課題である。

上述したTQMやTPMを世界各国の企業が導入する重要な目的には、「現場力の改善を図りたい」「より品質が向上した製品やサービスを市場に提供したい」「生産性を向上させて売上増大、利益率向上を図りたい」というものがある。しかし、文化、宗教、労働環境が異なる海外諸国で推進することは容易ではない。日系の現地企業であっても継続させることは容易ではなく、今なお継続的な日本人による指導が求められている。

イノベーションの追求が求められている今、「一部署、一作業現場内の問題解決からイノベーションは生まれないのではないか」との懸念があり、その対応のために上述した部門横断型活動の活性化が望まれている[34]。この場合、「誰が部署間の活動の調整をしたり、問題解決のリーダーシップを図るのか」が懸案となる。この問題に対して、さまざまな企業が体制の構築を試みている。代表的には、トヨタ自動車のチーフエンジニア制がある[35]。チーフエンジニアの役割として、新車の企画から販売に至るまで、さまざまな部門横断的改善活動による問題解決の誘導がある。

改善活動には、本章で述べてきたオペレーションズマネジメントの手法の適用が必須である。それらをどのように適用するかによって、改善活動の成果が左右されるといっても過言ではないので、個々の手法についてもう一度確認してほしい。

改善活動は、管理のサイクル、PDCA に沿って行われるべきであり、もしそれなくしては、せっかくの改善活動も成果を認識できないことになり、空しいものになる可能性がある。つまり、**図 2.22** に示すように、目標・方針を設定し、活動計画を立て、現状調査をし、無駄の見える化を行い、どこを改善するべきなのかを明確にし、改善活動を行い、その進捗管理を行い、最後には確認、評価をして、次の活動に繋げていく。

ここで、**図 2.22** の STEP1 ～ 7 の概要は、以下のとおりである。

(STEP 1) 目標・方針の設定

製造業の場合、改善目標は多くが生産性の向上にあるが、具体的には、生産数量を上げるのか、人員を減らすのか、両者を同時に行うかである。次にトータルな目標値を、各現場と相談しながら各現場の目標値にブレークダウンしていく、その目標をどのような方針で達成するかを次に決めることになる。例えば、作業時間を低減しようとするならば、作業そのものの改善や自動化などが指針となり得る。そして各現場で数値目標などを具体的に設定する。

(STEP 2) 活動計画の策定

3W1H(What/Who/When/How)を決めていくことである。つまり、どのような目標に対して(What)、誰が推進者となり(Who)、いつまでに(When)、どのような手順で行うか(How)を決めていくことである。

(STEP 3) 現状調査

各作業に対して、作業の把握を行うとともに、改善の 4 原則(排除の原則、結合の原則、交換の原則、簡易化の原

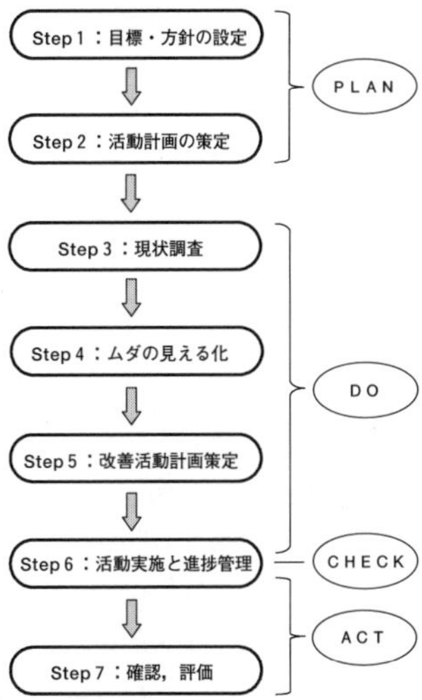

出典) 篠田修(2007)：『カイゼン活動のすすめ方』、日本能率協会マネジメントセンター

図 2.22 改善の 7 つのステップ

則)を適用して、必要な仕事か、無駄かをチェックしていく。その際に、稼働分析(人がどのような作業内容にどのくらい時間を要しているか)、時間研究、動作研究、ネック工程の把握などの工程間のバランス、個人のスキルなどの現状調査を行う。

(STEP 4)　ムダの見える化

現状調査の結果をもとに、現場で、個々の作業について無駄の見える化を行う。その際に、4種のロス(停止ロス、バランスロス、方法ロス、スキルロス)と改善の4原則をもとに、無駄を判断して、グラフや各種方法を用いて無駄の見える化を行う。

(STEP 5)　改善活動計画の策定

先の無駄に対して、それを改善する手法を考える。

「赤札」「5S」「アンドン」「目で見る管理」「平準化」「内段取り」「少人化」「U字型レイアウト」「多能工化」「レイティング」など種々の方法が適用される。

(STEP 6)　改善活動の実施と進捗管理

日々の実行計画を策定し、データによって成果と進捗管理を行う。これと並行して、改善スキルを高める活動、(STEP5)に挙げたような改善手法の習得を行っていく。

(STEP 7)　確認、評価

改善がどこまで行われたか、当初の目標に照らし合わせて確認し、評価することが重要である。成果発表会を行い、皆で共有することも重要である。また成果を記録して、事例集として活用したり、仲間にも正しく内容を伝えることが肝要である。

●参考文献

［1］　Samaon, D, Singh, P. J.(2008)：*Operations Management*, AN Integrated Approach, Cambridgy University Press.

［2］　人見勝人(1991)：『入門編　生産システム工学』、共立出版

［3］　U.コッペルマ(著)、岩下正弘(監訳)(1984)：『製品化の理論と実際』、東洋経済新報社(原著 Koppelmann, U.(1978)：*Grundlagen des Produktmarketing: zum qualitativen Informationsbedarf von Produktmanagern*, Verlag W. Kohlhammer GmbH)

［4］　田内幸一(監修)(1991)：『ゼミナール・マーケティング・理論と実際』、ティビーエス・ブリタニカ、pp.251-380

［5］　前掲［2］の p.49

［6］　三栄書房(現三栄)：『MotorFan』、1990年1月号、Vol.44、No.1、pp.34-39

［7］　延岡健太郎(1996)：『マルチプロジェクト戦略』、有斐閣

［8］　D. E. カーター、B. S. ベーカー(著)、末次逸夫、大久保弘(監訳)、メンター・グラフィックス・ジャパン(訳)(1992)：『コンカレント・エンジニアリング』、日本能率協会マネジメントセンター(原著 Carter, D. E. and Baker, B. S.(1992)：*Concurrent Engineering*, AddisonWesley)

［9］　ラルフ・M. バーンズ(著)、大坪檀(訳)(1990)：『最新動作・時間研究』、p.119、p.174、産能大学出版(原著 Barnes, R. M.,(1990)：Motion and Time Study：*Design and Measurement of Work, 7th ed*, John Wiley & Sons)

［10］　前掲［9］の pp.357-400

［11］　Dilworth, J.B.(1993)：*Production and Operations Management, 5th ed*, pp.143-45, McGraw-Hill.

［12］　千住鎮雄(1989)：『作業研究』、pp.170-171、日本規格協会

［13］　武内登(2006)：『セル生産』、p.39、日本能率協会マネジメントセンター

［14］　前掲［12］の pp.42-47

［15］　鹿島啓(2003)：『現代生産管理』、p.149、朝倉書店

［16］　桑田秀夫(1990)：『生産管理概論』、p.275、日刊工業新聞社

［17］　Fogarty, D. W., et al(1991)：*Production and Inventory Management*, pp.86-94, South-Western Pub.

［18］　Silver, E. A., and Peterson, R.(1985)：*Decision Systems for Inventory Management and Production Planning, 2nd ed*, pp.547-553, John Wiley & Sons.

［19］　Land, A. H.(1958)："Solution of a Purchase Strategy Programme : Part Ⅱ", *Operational Research Quarterly*, Vol.9, No.3, pp.188-197.

［20］　Hognson, S. M.(1954)："Optimal Two and ThreeStage Production Schedules with Setup Times Included", pp.61-68, *Naval Research Logistics Quarterly.*

［21］　Schroeder, R.G.(1993)：*Operations Management, 4th ed*, pp.501-506, McGraw-Hill.

［22］　門田安弘(1991)：『新トヨタシステム』、p.70、講談社

［23］　前掲［22］の pp. 75-77

［24］　前掲［22］の p.47

［25］　Schroeder, R. G.(1993)：*Operations Management, 4th ed*, p.667, McGraw-Hill.

［26］　エリヤフ・ゴールドラット(著)、三本木亮(訳)(2001)：『ザ・ゴール』、ダイヤモンド社(原著 Goldratt, E. M.(1984)：*THE GOAL(first Edition)*, Northriver-press)

［27］　稲垣公夫(1997)：『TOC 革命』、日本能率協会マネジメントセンター

［28］　Garvin, D. A.(1987)："Competing on the eight dimension of quality", pp.101-109, *Harvard Business Review.*

［29］　澤田善次郎(編著)(1991)：『生産管理論』、pp.112-115、日刊工業新聞社

[30]　櫻井通晴(1992)：「CIM 時代の原価管理制度の変革」、『DHB』、pp.56-66、1992 年６・７月号
[31]　日本科学技術連盟：「TQM とは？」(https://www.juse.or.jp/tqm/about/)
[32]　日本プラントメンテナンス協会：「すぐわかる TPM 入門」(https://www.jmac.co.jp/tqm/tqm/tqm.html)
[33]　篠田修(2007)：『カイゼン活動のすすめ方』、日本能率協会マネジメントセンター
[34]　岩尾俊平(2019)：『イノベーションを生む改善』、有斐閣
[35]　北川尚人(2020)：『トヨタチーフエンジニアの仕事』、講談社

●演習問題

問 2-1　あなたの周囲でオペレーションズマネジメントが行われていると思われる事柄を列挙しなさい。

問 2-2　設計プロセスを合理化、効率化するにはどのような方法があるか。

問 2-3　工程設計の手順について整理しなさい。

問 2-4　文鎮の製造プロセスをより合理的にするには、何をどうすればよいか。**図 2.5** をもとに検討しなさい。

問 2-5　PTS を行わず、現場で作業者に実際に作業をしてもらい、その時間をストップウォッチで測定して作業時間を見積もった場合、どのような不具合が生じるか。

問 2-6　ラインバランシングは、何を検討することを目的に行うか。

問 2-7　不適切な需要予測を行った場合、どのような問題が起こるか。**表 2.5** のランド法を例として考えなさい。

問 2-8　ガントチャートの役割は何かを整理しなさい。

問 2-9　ジョンソンの方法を用いてスケジューリングを行えば総処理時間が最小となる日程計画を得ることができる。なぜこの方法を用いれば総処理時間が最小となる日程計画が得られるのかを考えなさい。

問 2-10　コンビニエンスストアと一般のスーパーマーケットでは、在庫管理の方法を変更しなくてはならない。その理由について検討しなさい。

問 2-11　**図 2.12** の製品例で、支柱、電装部品の MRP 展開表を作成しなさい。

問 2-12　JIT を導入する経営的な意味を整理しなさい。

問 2-13　鯛焼き屋やたこ焼き屋の仕事の進め方として、MRP 的に仕事を行う場合、JIT 的に仕事を行う場合、それぞれどのような仕事の形態になるかを示しなさい。

問 2-14　交通渋滞を緩和するために、OPT 原理を導入することを考える。主には信号機のコントロールにそれを適用することになるが、どうコントロールすれば交通渋滞は緩和されるのか。

問 2-15　SCM の鞭効果について説明するとともに、それを解消する方法を述べなさい。

問 2-16　TQM の原則のなかで、人間性尊重が挙げられている。その理由はどこにあるのか。

問 2-17　TPM の要点は、ロスの削減にあるが、そのためには従業員にどのような意識を身につけさせることが重要か。

問 2-18　PDCA は、企業経営だけでなく、我々の日々の活動にも応用できる。あなたの日々の活動をよりよいものにしていくための手続きを、PDCA サイクルの視点から検討しなさい。

第3章 価値創造に向けての取組み —イノベーションマネジメント—

3.1 イノベーションマネジメントとは

3.1.1 現代の経営環境とイノベーション

現代のように、地理的にも経済的にも技術的にも、経営環境が多様かつ時々刻々変化する時代、それら環境の変化に迅速に対応していくことがあらゆる産業に求められる。もはや継続的に同じ製品やサービスを、同じ方法で企画、設計、生産、販売している状況を良しとはできず、常に新しく有効な方法を模索し続けなくてはならない。換言すれば、イノベーションを継続的に創起させなくてはならない。これこそが現代マネジメントの中心課題である。しかし、その具体的な方策の提供は明らかに不十分であった。

イノベーションにかかわる研究や報道は、かつてケーススタディとそこから得られる示唆の提示が主であり、わかりやすく、刺激的で、有効であったことに間違いはない。しかし、イノベーションを他社に先駆けて迅速かつ合理的、効率的に創起させたうえで、確実に収益を得て、サステナブルな経営を行おうとすれば、組織的で合理的なイノベーション推進体制の構築が望まれる。

「イノベーションを組織的、体系的、継続的に行うべきだ」という社会の要請が高まった結果、近年、焦点が当てられているのが「システマティックイノベーションマネジメント」である。これは、イノベーションの創出過程をシステムとして捉え、そのための科学的方法論(オペレーションズマネジメントの手法)を提供しようとするものである。その検討が本章の狙いである。

そのためには、「イノベーションを一つのプロセスとして観察して計画すること」「計画したプロセス全体を実行する組織能力を把握して醸成すること」「それらをマネジメントする方法論を提示すること」が肝要である。これらにかかわる研究は近年、徐々に盛んになりつつある。本章では最新の研究(考え方)を紹介することで、学習の端緒となることを目指す。

3.1.2 イノベーションの捉え方

イノベーションという言葉は不思議な言葉である。多くの人に多用されているが、同じ意味で用いられているわけではない。また、「成し遂げられれば、夢の世界が展開される(すべての問題が解決される)」というような幻想を抱く言葉でもある。そのため、まず本書におけるイノベーションの捉え方を述べる。

どの書籍でも必ずといってよいほど、「イノベーションの定義」にシュンペーターが定義したものが引用される。イノベーション研究の始祖として著名なシュンペーター[1]は、「生産とは利用できる種々の物や力の結合を意味し、生産物や生産方法や生産手段などの生産諸要素が非連続的に新結合することがイノベーションである」[2]としたうえで、「新結合」には次の５種類があると論じた。

① まだ消費者に知られていない新しい商品や商品の新しい品質の開発

② 未知の生産方法の開発

③ 従来参加していなかった市場の開拓

④ 原料ないし半製品の新しい供給源の獲得

⑤ 新しい組織の実現

このように幅広い活動のため、イノベーションは狭義の技術革新にとどまらず、広く革新を意味するようになった。例えば、「新製品・新サービスの創出、既存の製品・サービスを生産する新技術」「商品・サービスを顧客に届け、保守や修理、サポートを提供する新しい技術や仕組み」「それらを実現するための組織・企業間システムやビジネスにかかわる制度の革新」などが含まれる[3]。

我が国では当初、イノベーションを技術革新として捉える人が多かったが、近年では「新結合(ネットワーキング)による新しい価値の創造」と捉える考え方が普及してきた。歓迎されるべきことである。

シュンペーター以来、多くの研究者がイノベーション研究に挑戦しているものの、イノベーションの定義は、今も統一されていない。企業や社会で新しいことを創造していく動機づけを与えるという視点から、「New があればイノベーションと考えてよいではないか」との立場をとる実務家や研究者がいる。その一方で「今までにない、劇的に社会に変革していくようなことこそがイノベーションである」とする実務家や研究者もいる。

本書では、経済的価値の新たな創造とその過程に力点を置き、イノベーションを「経済的価値を創出する新たな活動」と捉える。「単に新しい発明だからイノベーション」「何かが変化すればイノベーション」ではなく、「あくまでも経済的成果の実現を目指すものがイノベーション」という立場をとる。

この立場をとると、技術革新だけでなく現代企業の経営環境に対処する活動の多くがイノベーションとなる（もしくはイノベーションでなくてはならない）といえる。したがって、イノベーションを幅広く検討することが求められる。

以降でイノベーションを検討する際には、上記したイノベーションの創出過程に焦点を当てたうえで、それをシステム（イノベーション創出のプロセス）として見ることに力点を置いて解説する。

3.1.3　イノベーションの種類

本項では、イノベーションを理解するための基礎事項を学習する。

一つ目に、イノベーションの分類を解説する。「どのようなイノベーションを目指すのか」など、イノベーションをマネジメントするうえでの指針の検討に役立てるためである。ただし、分類を明確に分ける指標がないことを、あらかじめ注意すべきである。

二つ目に、S 字カーブを解説する。これは、さまざまな分野で用いられるよく知られた概念であり、本項ではイノベーションへの適用の一例を示した。

三つ目として、イノベーションの三つの谷を解説する。これは、技術経営の分野で革新的新製品開発がいかに難しいかを言い表す言葉である。

最後の四つ目として、イノベーションの評価尺度にかかわる課題を解説する。この内容は「イノベーティブな企業とそうでない企業を分けるために」「イノベーションの成功に向けて事業評価の拠りどころは何にすべきか」という課題の解決に役立つだろう。

(1)　イノベーションの分類

イノベーションの分類は、考え方によって以下のとおりに分けられる。

(a)　もたらされる結果から分類したもの：革新的イノベーションと漸進的イノベーション

(b)　競争優位を失う原因から分類したもの：持続的イノベーションと破壊的イノベーション

(c)　事業活動の時点に応じて分類したもの：プロダクトイノベーションとプロセスイノベーション

(a)　革新的イノベーションと漸進的イノベーション

イノベーションでもたらされる結果から分類すると以下のようになる。

①　革新的イノベーション(Radical innovation)

技術やビジネスモデルに劇的な変化を起こすイノベーションで、市場での競争環境を根本から変えてしまう。逆にいえば、これを起こした企業は市場で競争優位を得られる可能性が高いといえる。

②　漸進的イノベーション(Incremental innovation)

既存の製品やサービス、ビジネスモデルに小さな改善を起こすイノベーションである。比較的容易で効果も得やすいので、多くの企業はイノベーション関連投資の８割以上を漸進的イノベーションに当てている。市場シェアや収益性を長期間維持するため、企業が安定的に存続するために必要なイノベーションである。ただし、これだけに囚われ続けると、競争力を失った製品やサービスに経営資源が回る一方で、新しく高い価値を生み出すプロジェクトに経営資源が回らなくなる。

これらの中間は準革新的イノベーション(Semi-radical innovation)と呼ばれる[4]。これは「どちらか１つのみを達成すればよい」とはいえず、両方が組織の存続・発展のために必要だからである。

革新的イノベーションと漸進的イノベーションという性質の全く異なるイノベーションをマネジメントする組織を「両刀使いの組織[1)]」(ambidextrous organization)と呼ぶ[5]。これらの組織ではまず漸進的イノベーションを追求する。そして、その限界を感じた後、革新的イノベーションの必要性を感じたうえでそのアイデアを得るという道程を経る。このように「両刀使いの組織」という考え方は、イノベーションを考えるうえで至極一般的な考え方といえる。

(b)　持続的イノベーションと破壊的イノベーション

「優れた企業がなぜ競争優位を失うのか」という問題意識からHDD(Hard Disk Drive)産業を分析したのがクリステンセン[6]である。彼はイノベーションを、以下に分類し、競争優位を失う原因を説明した。

①　持続的イノベーション(sustaining innovation)

「持続的技術(sustaining technology)」にもとづくイノベーション。既存の指標上で製品の性能を高める。例えば、「HDD産業におけるHDDの記憶領域の増加」が該当する。

②　破壊的イノベーション(disruptive innovation)

破壊的技術(disruptive technology)にもとづくイノベーション。従来の価値指標とは異なる基準を関係企業に与える。例えば、「HDD産業におけるHDDの小型化」が該当する。

HDD産業の創成期は、記憶領域や価格の制約もあり、大きさの変更は従来のメインフレーム向けHDD市場で受け入れられなかった。しかし、ミニコン、パソコンが主流になるにつれ、消費者の関心は大きさにシフトし、さらに記憶領域や価格の制約も改善されたので小型のHDDが主流となった[2)]。

破壊的イノベーションの結果である「HDDの小型化」を達成した製品は、

---

1)　「両利きの経営」と訳している経営学書も多い。
2)　現在は、HDDはSSDに取って代わられつつある。

既存の価値基準(HDD の記憶領域の増加ありき)で比べると、以前の製品よりも性能的に劣っているように見える。しかし、従来とは異なる価値基準(HDD の大きさ)を消費者に示すので、少数の新しい消費者には受け入れられる。破壊的イノベーションは初期にニッチ市場(ミニコン・パソコン向け HDD 市場)で受け入れられただけであり、既存企業が参入するには経済性に乏しかった。

持続的イノベーションを続けていくと、市場が求める性能以上に製品の性能が上回る(消費者にとって過剰性能になる)ことがある。一方で、当初は破壊的イノベーションによってもたらされたニッチ市場でしか通じない価値基準が、市場規模の変化により支配的地位を占めることがある。そうなったとき、破壊的イノベーションに対応しなかった、あるいはできなかった既存企業は顧客を失う。つまり、市場における競争優位を失うのである。このような失敗の理論をクリステンセンは「イノベータのジレンマ(Innovator's dilemma)」と呼んだ。

(c)　プロダクトイノベーションとプロセスイノベーション

事業活動のどの時点でイノベーションが起こったのかに注目して分類すると、以下のとおりになる[7]。

① プロダクトイノベーション(Product innovation)
　製品、サービスなど、顧客の手に届くものが新しくなること

② プロセスイノベーション(Process innovation)
　製品やサービスが作られる、あるいは手に届く過程が新しくなること

これらの分類から、イノベーション発生の過程と頻度について研究したのがアバナシィとウータバック[8]である[3)]。

プロセスイノベーションは一般的に、製品の製造工程の改善・革新だけではなく、製品を顧客に届けるまでの物流や販売のプロセスの改善・革新までを指す。情報技術の発達や物流システムの進化によって、その重要性がクローズアップされている。

(2)　S字カーブ

S字カーブはさまざまな分野で利用されている。

イノベーションマネジメントの分野では、**図3.1**に示すように、横軸に時間、縦軸に市場で技術や製品の受容の度合いをとり、技術や製品の普及過程を示すフレームワークとして応用されている。

新規の技術で開発された新製品が市場に投入された初期の段階では、製品を受容する顧客は少ない。しかし、ある時点以降になると製品は市場に認められ急激な成長期を迎える。その後、新たな技術革新・改善が施され、変更も進み、売上は伸び続けていく。しかし、どんな市場にも規模に限界があり、製品の需要は飽和する。同様に製品の改良も限界に達し、性能の向上も不可能になる。この状況を描いたものがS字カーブである。

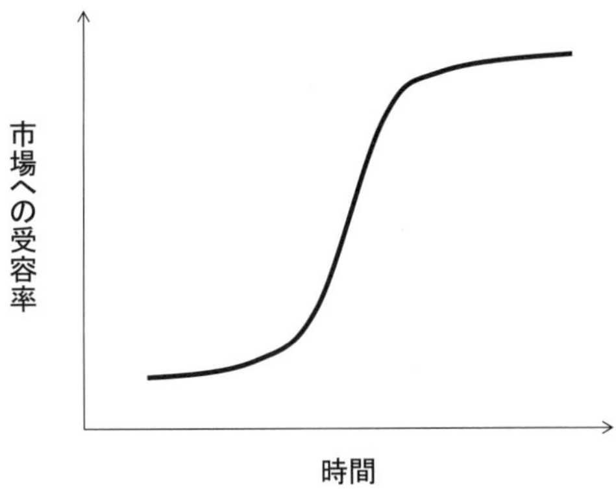

図3.1　S字カーブ(例)

3)　Utterbackによれば、「プロダクトイノベーションとプロセスイノベーションを区別することで、イノベーションの発生の時期と度合いを区別、認識することができる」という。
新しい種類の製品が市場に導入され始めたばかりの時期だと「どのような製品が世間一般に採用されるか」がわからないため、プロダクトイノベーションが数多く起こる。つまり、多種多様な製品が市場に出る。そのうち、企業の試行錯誤や市場での製品理解などが進み、ドミナントデザイン(Dominant Design)という主流派の製品の形が決定する。これにより支配的な製品の技術・構成が決定し、製品に大きな変更が加えにくくなるため、その後はドミナントデザインをもとにしたプロセスイノベーションの頻度が多くなる。ドミナントデザインが模索されている典型例として、「空飛ぶ車」などがある。

このフレームワークは、「マーケティングにおける製品ライフサイクルモデルがマーケティングミックスの指針を与えるのと同様に、イノベーションをマネジメントするうえでさまざまな指針を与える」として注目されてきた4)。また、**3.1.3**項で分類したイノベーションそれぞれが生起する時期を提示していると捉えることもできる。

(3)　イノベーションの三つの谷

技術経営（Management of Technology：MOT）の分野で革新的な新製品開発の難しさをわかりやすく言い表したのが、イノベーションの三つの谷、つまり「魔の川」「死の谷」「ダーウィンの海」である[9]。伊丹・宮永の説明[10]を参考にすれば、次のようになる。

- 魔の川：一つの研究開発プロジェクトが基礎的な研究（Research）から出発して、製品化を目指す開発（Development）段階へと進めるかどうかの関門のことである。この関門を乗り越えられずに、単に研究で終わって終結を迎えるプロジェクトも実際には多い。
- 死の谷：開発段階へと進んだプロジェクトが、事業化段階へ進めるかどうかの関門である。この関門を乗り越えられずに終わるプロジェクトも多い。そこで死んでしまうという意味で死の谷と呼ばれる。事業化するということは、それまでの開発段階と比べて資源投入の規模は一ケタ以上大きくなることが多い。例えば、生産ラインの確保や流通チャネルの用意である。だから、死の谷は深いのが当然である。
- ダーウィンの海：事業化されて市場に出された製品やサービスが、他

---

4)　その一例を示せば次のようになる。
- 新技術や新製品は容易に市場に受け入れられない。
- 製品はいったん普及すれば爆発的な普及に繋がるものの、それを維持するには新技術の投入による製品の改良が必要である。
- 成熟した技術をさらに改良するには限界があり、また莫大な投資を伴う。
- 製品を改良しても市場は既に飽和状態で、製品改良のための技術投資を回収できる見込みはない。
- 新たな新技術と、それをもとにした新製品が期待される。

企業との競争や真の顧客の受容という荒波にもまれる関門を指す。ここで、事業化したプロジェクトの企業としての成否が具体的に決まる。ダーウィンが自然淘汰を進化の本質といったことを受けて、その淘汰が起きる市場をダーウィンの海と表現したのである。

この三つの谷の具体的事例として、リチウムイオン電池の基礎技術開発から市場化にまでかかわったノーベル賞受賞者である吉野彰氏の記述[11]は興味深い。興味のある読者にはぜひ読んでほしい。

(4) イノベーションの評価尺度

イノベーションが重要といわれる今、「何を事業評価の拠りどころにしたらよいか」というのが問題になる。評価尺度の良し悪しが経営戦略やその展開方針の良し悪しを左右するからである。しかし、イノベーションの評価尺度にも、その定義と同様に今もって統一された見解はない。

しかし、イノベーションは国家戦略とも捉えられているので、公的機関がその指針を提示している。例えば、OECD から提示されている Oslo Manual [12] という指針の下に各種調査を行うことで、国家間、産業間の比較ができるとされている 5)。

「どのような評価尺度を採用するか」は、業界、製品やサービスのライフサイクルの段階、市場の状況、社会環境などによって異なる。例えば、地球環境問題に対する関心が強い顧客の多い市場では、経済的成果に結びつく環境対応

---

5) OECD の指針に記載されている内容、また複数の研究論文(例えば、Alegre *et al*, 2006)のなかで議論されている内容から、評価尺度の設定に必要な要件を挙げると、以下のようになる。

- イノベーションは複数年にわたるため、その成果を見るには経過調査が必要である。
- イノベーションの評価尺度は、経済的評価尺度(売上や利益など)とイノベーション活動(改善・革新活動)の中間に位置する。
- 評価尺度の具体例には、新製品やパテントの数、改善・革新件数などがある。
- イノベーションの評価尺度を設定するためには、「それが経済的評価尺度(売上や利益)と正の相関関係にあるかどうか」を確認する必要がある。
- イノベーションは、その有効性(efficacy)と効率性(efficiency)から測定・評価される。有効性とは、イノベーションの成功の程度であり、効率性とは成功を獲得するために費やした努力(時間と費用)である。

のプロダクトイノベーションおよびプロセスイノベーションに対する評価尺度が採用されることになる（**第4章**で解説するSDGsやESGは、これらと通ずる尺度を提供する）。

3.2 イノベーションケイパビリティとイノベーションプロセス

3.2.1 概要

イノベーションを合理的かつ迅速に推進するためには、具体的な方法論に少しでも踏み込む必要がある。前節でイノベーションの基本的な事項を解説したが、それはイノベーションの分類や進行の状況を提示したにすぎない。具体的な方法論や、その創起に結びつくような指針もない。イノベーションの創起目標、例えば「今後3年間で、“新事業に少なくとも1つ進出”“新製品30種の上市”“ビジネスプロセスの10個以上の改善”をしよう」と組織に号令をかけても、その実現には旺盛な組織活動が必要になるため、イノベーションの創起は容易ではない。

イノベーションを実現するのに必要な組織活動の鍵となるのが、イノベーションケイパビリティ（Innovation Capability：IC）という概念である。「イノベーションのための組織能力」ともいわれるが日本語訳に定説はなく、カタカナがそのまま流通している。次項では、「ICの捉え方」「我が国企業のICを調査した結果」「その結果にもとづいたICの醸成指針」を解説する。

イノベーションをシステマティックに遂行するためには、イノベーションをプロセス重視で計画・管理することが重要である。その際、各組織でイノベーション遂行のプロセス（本書ではイノベーションプロセスと呼ぶ）の有り様を検討するための指針が必要になる。

近年、イノベーションプロセスにかかわる研究が活発に行われるようになってきた。**3.2.3項**では現行で提示されている代表的なイノベーションプロセスを紹介するともに、筆者らの提案するイノベーションプロセスを解説する。

3.2.2 イノベーション遂行のための組織能力

(1) イノベーションケイパビリティとは

経営組織体にイノベーションをもたらす組織能力の一つとして、近年注目されているのがダイナミックケイパビリティ(Dynamic Capability)である[13]。これは、「組織の環境が変化したとしても、その環境に対応できるケイパビリティ(組織能力)を保有し続ける、あるいはケイパビリティを経営環境の変化に合わせて変革させる能力」と定義される。

このダイナミックケイパビリティを、**図3.2**に示す企業のイノベーションの創起プロセスに焦点を当て、再構成したものがICである。そのため、ICは「企業やステークホルダーの利益のために、継続的に知識やアイデアを新製品・プロセス・システムに転換する能力」とも定義される[14]。

図3.2に従えば、ニューストリームイノベーション(新規事業の創造)の際に、ICは知識を供給し、メインストリームアクティビティ(中核となる業務もしくは定常業務)からニューストリーム(新規事業)に移行され得る潜在的なイノベーションを見い出し、発展させる役割を果たす。さらにICは、メインストリームの効率性とニューストリームの創造性を結びつける。

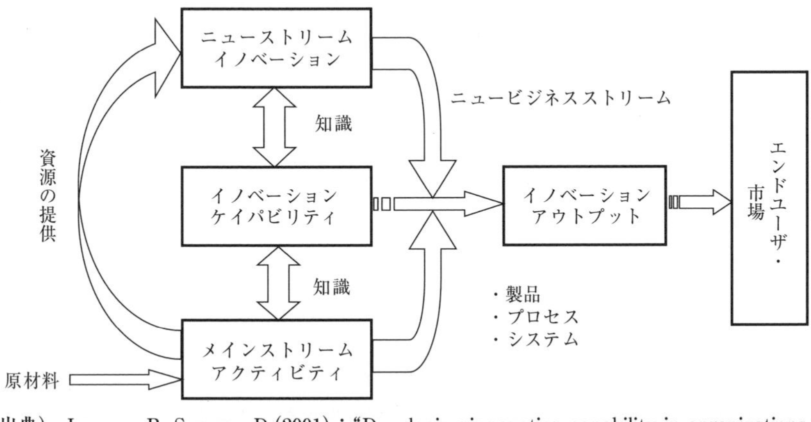

出典) Lawson, B., Samson, D.(2001):"Developing innovation capability in organizations : a dynamic capabilities approach", *International Journal of Innovation Management*, Vol. 5, No. 3, pp. 377-400 の Fig.2 を筆者が翻訳した

図3.2 イノベーション統合モデル

表3.1　イノベーションケイパビリティを構成する要素とその内容

IC 要素名	個々の要素を指示するマネジメント事項
経営理念、経営戦略 (Vision and strategy)	イノベーションに向けた共通するビジョンの明快な表現と経営戦略の方向性の表明
経営資源活用 (Harnessing the competence base)	経営資源のマネジメント、投資源の発見とその活用、卓越した人材の配置、ｅビジネスの導入
組織学習 (Organizational intelligence)	顧客や競合相手についての学習、顧客ニーズの発見や問題点把握の奨励
創造性マネジメント (Creativity and idea management)	継続的改善活動、新製品開発のアイデアの蓄積、新ビジネス創造のための革新的アイデアの創出、アイデアからの新ビジネス創造
組織構造・人事システム (Organizational structure & Systems)	部門間障壁を壊し浸透性のある組織構造、報酬システム、ストレッチ目標注）の設定
文化・風土 (Culture and climate)	リスクテイキングが可能な許容性、従業員への権限委譲、従業員のイノベーション創発のための時間・資金・設備環境の充実、機能横断的・階層横断的な情報交換および情報共有
技術経営 (Management of technology)	コア技術とイノベーションもしくは事業戦略の融合、効果的な技術予測

注）通常の仕事のやり方で行えば達成できるような目標ではなく、達成するには努力を要する高めに設定された目標をいう。

ICを構成する要素は、**表3.1**に示す７つとされる（各要素に対応するマネジメント事項例は表の右列に示されている）。

(2)　イノベーションのための組織体制の醸成

(a)　ICの醸成に向けた指針作成のための調査研究の必要性

ICを構成する７要素それぞれを実現する具体的なマネジメント事項は、当該企業が置かれている経営環境で異なる。したがって、ICの醸成に向けて、我が国企業が行えばよいことを一概に解説できない。表 3.1 のマネジメント事項すべてを施行できることが理想であるが、各企業の歴史的経緯や各種資源制約、経営環境を考えれば容易ではない。我が国企業のなかでもイノベーションに注力している企業を調査・研究し、IC 要素間の因果関係への見解をもつことができれば、それが指針となる 6)。

(b)　筆者らの研究事例

2004 年に筆者らが国内企業全般を対象に行った調査の結果[15][16]から、製造業の事例にもとづいた IC 醸成の指針を解説する。

図 3.3 は、我々の調査結果から製造企業全般に IC 要素の因果関係を分析し

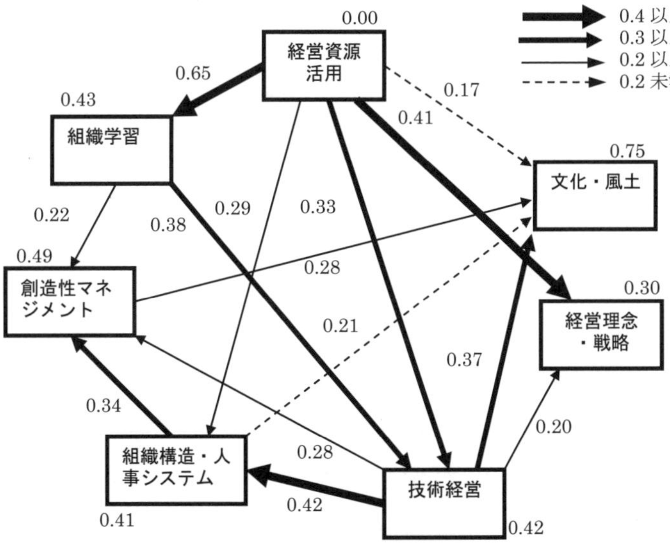

評価値	製造業全体
p値	0.43
CMIN	14.469
DF	7
CMIN/df	2.067
GFI	0.983
AGFI	0.931
AIC	56.469
RMSEA	0.057
CFI	0.992

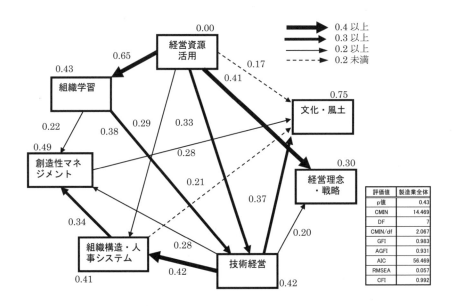

図 3.3　製造業全般の IC 要素間因果関係

---

6)　例えば、「我が社のような企業規模や産業で IC 要素を醸成していくとよい順序」「成功に至るうえでのキーとなる IC 要素」「経営資源が限定される中小企業などで、イノベーションを継続的に創起できる組織体制を構築できるのに役立つポイント」などである。

たものである。これから次のことがいえる[7]。

① 製造業の経営においては「経営資源活用」が重要な位置づけをなす。

② 製造業においては、「技術経営」がその他のICを高めるうえで重要な意味をもつ。

③ 「経営資源活用」や「組織学習」の活性化が、「技術経営」のICを高め、それは「組織構造・人事システム」「創造性マネジメント」にかかわるICを高める。

④ 「経営理念・戦略」の設定や「文化・風土」の醸成は、その他のICが達成された後に有効に機能する。

サービス業(非製造業)や中小企業のあるべき指針の詳細は割愛するが、我々の調査研究から得られた重要な指針として以下が挙げられる。

非製造業のICとして大きな影響力をもつのは「組織学習」といえる。その充実度に比例して他のICの充実度への影響度も大きくなる。

また、中小企業(従業員300人未満)の場合、「経営資源活用」が重要になる。その醸成次第で、その他の要素の発展度合が決められるといっても過言ではない。換言すれば、トップの考え方次第でその経営が左右される。つまり、トップのリーダーシップ次第でイノベーションは進めやすくなるのである。

3.2.3 イノベーションプロセス

前項では、イノベーションを合理的かつ迅速に遂行する前提がICの醸成であることを解説した。この次に行うべきなのは、組織内および組織外にわたる「イノベーションのプロセス」(IP)の特定と管理である。

「IPの特定は、その柔軟性、創発性、意外性を削ぐ」という意見がある。しかし、イノベーションには莫大な投資が伴うので、投資効果の最適化を図る意味から大枠のIPを特定し管理する必要がある[8]。

本項では、IPの捉え方を検討するとともに、我々が提言するIPのモデルを

---

7) 以降の説明で、「 」内の用語は、**表3.1**の用語に該当する。**表3.1**と見比べながら、それらが何を意味するかを理解して欲しい。

含め、代表的なIPのモデルを解説する。

(1)　創造プロセスと普及プロセス

IPは「イノベーション活動における組織活動の段階の流れ」と定義でき、大きく、①創造プロセスと②普及プロセスに分けられる。

①　創造プロセス(創造のIP)

企業内部で行われる研究開発(プロダクトイノベーション)や製造プロセス改善・革新(プロセスイノベーション)などのイノベーションに焦点を当てたものを指す。

②　普及プロセス(普及のIP)

企業外部に焦点を当てたものであり、製品やサービスを市場に広く普及させ、経済的価値を獲得するまでのプロセスに焦点を当てたものである[9)]。

社会でイノベーションもしくは新製品が普及するプロセスを認識することは重要である。本章は、「IPを特定し、そのコントロールの可能性を模索すること」が目的なので、検討対象は組織内のIP(創造のIP)に絞る。ただし、創造のIPと普及のIPがオーバーラップしているのは事実なので、最終的にはそれらは同時に考慮されるべきである。

---

8)　Tiddらは、「IPをマネージすることが可能なのか」との問いに「イノベーションを成功させるための簡単なレシピなど存在しない。…(中略)…たとえIPが不確実でランダムなものであるとしても、根底にある成功のパターンを見つけることは可能である」[17]としている。

9)　普及のIPに焦点を当てた研究は、それほど多くないが、Rogers[18]や三藤[19]らにより議論されている。Rogers[15][17]は、イノベーションを「採用する個人や他の構成要素が新しいと知覚するアイデア、習慣あるいはものである」と定義したうえで、イノベーションを「①必要性あるいは問題発見、②調査研究、③開発、④商業化、⑤普及と採用、⑥イノベーションのもたらす効果」からなる一連のプロセスとし、「イノベーション決定プロセス」と呼んだ。一般的にはこれを線形モデルまたはテクノロジープッシュモデルと呼ぶが、プロセスの一方向性に関してはさまざまな反論がある。「往きつ戻りつ、さらには並行して行われるのが一般的ではないのか」という指摘もある。

(a)　IP モデル

創造の IP に関する研究は近年活発になってきた[20]。「IP を把握することが、システマティックイノベーションのため、さらにイノベーション推進の方法論開発のための第一歩」と考えられているからである。それら研究のなかで常に焦点が当てられているのが、①ティッドらの IP モデルと②ダビラらの IP モデルである。

①　ティッドらの IP モデル

ティッドら[17]は、イノベーション活動を、プロセスマネジメントの視点から考察し、企業内部の IP を５段階(❶シグナルの処理、❷戦略立案、❸リソースの調達、❹実行、❺学習と再イノベーション)に分け、その流れをイノベーションマネジメントのプロセス基盤に存在するルーティンであるとした。

②　ダビラらの IP モデル

イノベーションは、アイデアの「多数から少数へ」という一つの流れとして捉えることができ、その過程は漏斗のようなものという視点から、IP を考察したのがダビラら[21]である。彼らが主張する IP は、プロセスの入り口には無数のアイデアがあふれ、これらのアイデアは、アイデアの漏斗を通過するうちに、段階的に評価、選別されて、最終的に選ばれたものだけが資源を受け取り、実行段階に進み、そのなかでも知的財産となったアイデアが価値創造段階に移るというものである。

筆者らは上記①②のモデルを統合し、両者を補完する IP モデルとして下記を提案してきた[22][23]。

③　筆者らの IP モデル

双方の IP モデルで考慮されていない段階を、互いに補完し合うことでイノベーションの成功をより身近な実行性のある IP モデルとすることができる。さらに、実効性のある IP モデルを考えようとすれば、IP の進行を裏打ちする要因が必要である。その要因として筆者らは IC を導入し、それらを反映させた**図 3.4** を筆者らの創造の IP モデルとして

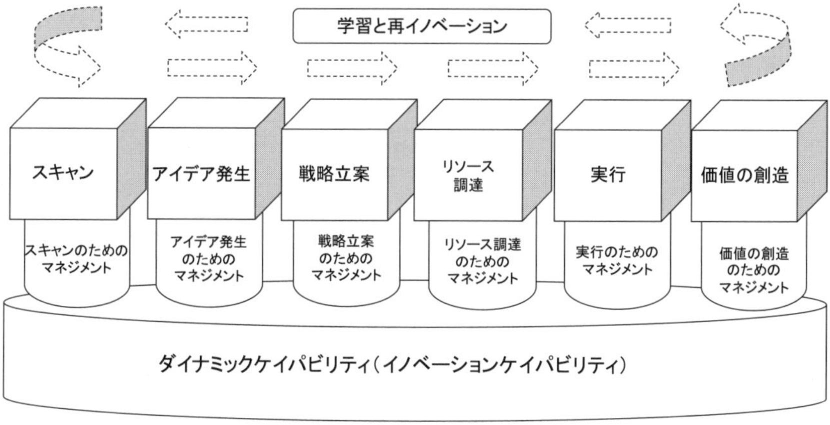

図 3.4 筆者らの提言する創造のイノベーションプロセスモデル

提案してきた。

(b) 筆者らの IP モデルの実証分析

今までに提案された複数の IP モデルは提言者などの知見にもとづくものであり、実証されたことはないと考えられる。そのため、もしそれらを実証でき、かつモデルの特徴を摑めるならば、IP の理解、さらにはシステマティックイノベーションに向けた具体的方法論の提言が現実味を帯びる。

筆者らは、提言した IP モデル(**図 3.4**)の妥当性を検証するために、実証分析を行ってきた。**図 3.5** は、2004 年度に国内企業に行った大規模調査[24]の結果を用いて、**図 3.4** の IP モデルの妥当性を検証した結果である。

図 3.5 は、「過去 3 年間に売上が伸びた企業(サンプル数 100 社)は、**図 3.4** の IP モデル上の各要素プロセスの連続性が保持されている」とする結果を示す。

売上が伸びなかった企業では、その連続性は統計的に優位にはならなかった。また、売上が伸びた企業でも、任意の連続する対の要素プロセスを取り上げ、その関係性を検証してみるとその因果関係は統計的に優位とはならなかった。要素プロセスすべての連続性が保持されて初めて、分析結果が統計的に優位となったのである。

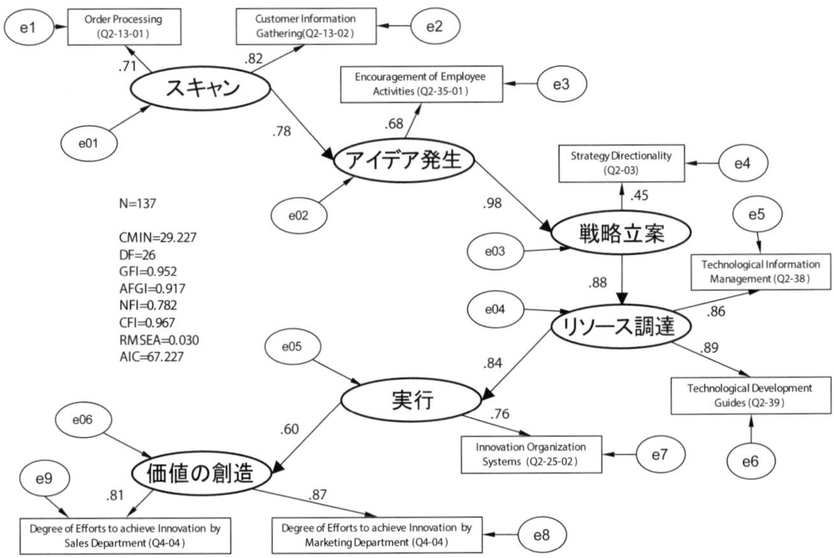

注）各IC要素を提示している英文は、**表3.1**の右列のマネジメント事項である。IC要素の連続性を指示するマネジメント事項であるが、どのような産業、業種の企業のデータを用いるかで異なってくる可能性があることから、指示事項は仮のものとして、ここではあえて日本語化していない。

図3.5　売上高上昇企業のIPの因果関係

(c)　イノベーションを成功させるための要件

図3.5から、**図3.4**のIPモデルに示す各要素プロセス(「スキャン」「アイデア発生」「戦略立案」「リソース調達」「実行」「価値の創造」)を連続的かつ確実に遂行することが、経営成果に繋がることがわかった。つまり、いずれかの段階が不十分だと経済的成果は得られない(イノベーションは失敗する可能性が高い)といえる。

「イノベーションに成功したい」「イノベーティブな企業になりたい」と望むのなら、多様なアイデアを、市場や技術のスキャンによって得て、それを絞り込みながら、戦略立案、リソースの調達、製品化、それを市場に流通させるためのマーケティング・販売方策の作成を、粛々かつ迅速に行うことが肝要である。

(2) 包括的イノベーションプロセス

イノベーションが成功したといえるのは、新製品を開発し、それを市場で普及させ、結果としての経済的価値を獲得できてからである。そのため、真にイノベーションを成功させる方策を提言しようとするならば、創造のIPから普及のIPまでを一貫したプロセスとして見て、包括的にイノベーションプロセスを管理する必要がある。本書では、これを包括的イノベーションプロセス(包括的IP)と呼ぶ。

包括的IPに関する議論として以下の2つを取り上げる。

① ポーター[25]の「フィット(fit)戦略」

この戦略では、イノベーションが経済的価値を得るのに、「アイデアの創出から製品が消費者に渡るまでの一連の活動の最適化が重要である」としている。つまり、イノベーションの成功のためには、「顧客ニーズの把握」「技術シーズの適用可能性」「設定する機能」「製品の意匠」「製造技術」「流通チャネル」「価格設定」「マーケティング手法」「経済環境」などの多様な視点を検討したうえで、それらを最適化する必要性を指摘している。

② アクターネットワーク理論(ANT)の応用によるもの

科学技術社会論の視点からなされたイノベーションに関する研究では、その成否を問わず、事業化(技術の発明や商品の開発)と、それによる新たな市場の誕生までのプロセスが対象とされている[26]。

筆者らは、事業化から製品の普及、そして市場の維持までのIPを、ANTを用いて、「翻訳による経済的価値の実現に向けた、絶えざるネットワークの変容プロセス」として描くことが可能だと考えている。ロジャーにしても、ポーターにしても、イノベーションに成功する条件(有効性のある具体的な包括的IPや包括的IPの構築戦略など)は提示されず、極めて概念的レベルに止まっていたため、そこから脱却することが重要と考えてのことである。

ANTを用いてイノベーションを成功させる包括的IPを計画するこ

とは不可能であるが、過去の成功事例の分析は有用である。その分析の過程で、「必須の通過点」という概念を用いつつ、イノベーションの成功要因を明確にできれば、今後の包括的IPを検討していく役に立つ。例えば、カップヌードルの成功要因には「面下部の隙間の存在」「具材のフリーズドライ化」「印象的な広告」など複数ある。それらは「必須の通過点」であり、後継のカップ麺の開発・普及に大いに役立った。

3.3　イノベーション推進のためのコミュニティ

3.3.1　イノベーションネットワーク

企業が、持続的なイノベーションの創起を可能とするためには、従業員のもつ多様な知識の源泉を把握し、それを総合・統合して活用する必要がある。しかし、イノベーションの創起に必要な知識の源泉が、単一の企業や組織の中だけに存在するとは限らない。必要な知識の源泉が外部の企業や個人に存在することも多い。ゆえに、複数の企業や組織が共同で知識の源泉を共有し、それを発展させていくネットワークを構築する必要がある。

このようなネットワーク(イノベーションネットワーク)を構築し、イノベーションを成功させるためには、次の①～③が重要となる。

① 「誰が、イノベーションに必要な知識をもっているか」を認識すること

② 「どうすれば、必要な知識を上手に使いこなせるのか」を知ること

③ 「いかにして、さまざまなアクタ(行為者)が集まることで生み出される知識の多様性に対処するのか」を知ること

イノベーションネットワークには、それが形成されていく過程で、ネットワーク内の知識の共有を促進する。一方、組織には知識の共有に必要なコストを削減することを望む傾向がある[27]。そのため、これらに有用な手段は、デジタル情報技術を活用することである[10)]。

3.3.2 イノベーションプロセスにおける「翻訳」の概念

本節では、イノベーションプロセスを「アイデアが、設計図などの図面や書類となり、具体的な新商品やサービスに具現化されていく連続的な過程」として捉える。ここでは、「アイデアを設計図などに変化させる」「具体的な新商品やサービスとして実現させる」などの行為を「翻訳」(translation)として捉える。これは、認知的なものであると同時に社会的なものといえるため、以下の2種類に分類できる。

① 認知的翻訳

「個人が新しいアイデアをこれまでにはない商品やサービスに翻訳するプロセス」[28]である。この翻訳のなかで、イノベーションの遂行者は、他者に自分の考えを伝えるために、さまざまな道具を使用する。

② 社会的翻訳

「多くの個人が参加し、共同で一つのアイデアを商品へと作り上げていく(翻訳していく)プロセス」である。これは、例えばコミュニティの境界上で起こる。そこでは、それぞれ個々のアクタが他のアクタと交渉し、互いの考えを合致させようとするからである。このような意見交換の行われるコミュニティの境界上を「トレーディングゾーン[29]」と呼ぶ。このようなコミュニティの境界上で、意見をすり合わせていく過程が「社会的翻訳」なのである。

認知的翻訳は一方向に進む一方で、社会的翻訳は他のアクタの影響で進んでは戻り、また進む特徴がある。さらに、社会的翻訳は、これまでなかった新たな人、コミュニティ、視点などの連結を生み出す。

以上のように、認知的翻訳と社会的翻訳は、概念上区別されるものであるが、それらは強く相互作用している[11)]。

近年、この2種類の翻訳はデジタル情報技術によって支援されている。多様

---

10) コロナ禍は、この必要性を多くの組織に認識させた。テレワークやテレコミュニケーションによって、出張コストや通勤時間の大幅な削減が実現され、共有データベースの活用により、知識の共有化が飛躍的に進展した。

な意思決定支援ツールや設計支援ツール（例えばCAD）は、もともと認知的翻訳を支援するために生み出された。同様に、クラウドツールやネットワークドライブ、コミュニケーションツール（e-mailやSNS）のようなものは、社会的翻訳を促進するために作られた。

これまで認知的翻訳を促進するツールと社会的翻訳を促進するツールは異なるものとして扱われてきたが、認知的翻訳と社会的翻訳は強く相互作用している。デジタル情報技術は、今もこれら２つの翻訳を支援しているが、個人と社会の翻訳という側面から改めて、両者を総合的に支援するツールなど、そのあり方を検討する必要がある[12)]。

3.3.3 イノベーションネットワークにおけるデジタル化の2つの動因

現在のデジタル情報技術の発展は、イノベーションを起こす道筋に変化をもたらしている。LinuxやApacheのようなオープンソースソフトウェアのプロジェクトを実行するイノベーションネットワークは、中央集中的もしくは中央集権的なものではなく、権限をもたない自発的なプログラマーによって構成されたものである。

多くの組織は、開発途中で積極的にユーザからアイデアをもらうユーザイノベーションを導き出す方法を懸命に探している[30]。そのような企業の多くは、トップダウンでイノベーションを遂行する方法に代えて、新しい協働の形態や

---

11)　例えば、建設プロジェクトで、建築図面の中に表現された建築家のアイデアは、後に技術図面に変換される。このプロセスで技術者は、単に建築図面から技術図面へと書き換えるだけではなく、自身の視点を付け加え、図面の中に埋め込まれる知識を深化させ拡張する働きをする。このような変換は認知的翻訳である。請負・下請け・建設会社の各労働者が、技術図面を「現場の図面に」「材料に」「建築物に」と変換していく過程のなかでも、同様の認知的翻訳は起こっている。

しかし、「図面から建築物へ」という変換の過程は認知的翻訳だけで終わらず、さまざまなアクタが意見を出し合うすり合わせ（社会的翻訳）も同時に行われている。この一連の翻訳において、認知的翻訳と社会的翻訳は共存し、イノベーションプロセスは進行する。

12)　近年、多くのIT関連企業がメタバース（Metaverse）の開発に莫大な投資を行っている。メタバースは三次元の仮想空間によるコミュニケーションを指示するが、それは認知的翻訳と社会的翻訳を同時に実現するツールとなり得る可能性を秘めているからである。

共同開発の方法を探している。デジタル情報技術の発展は、このような分散しているアクタによって構成されるイノベーションネットワークにおいて必要となるコミュニケーションと調整にかかるコストの削減を可能にする。ここで重要なことは、「イノベーションネットワーク上で分散しているアクタ間の調整と統制をいかにして管理するのか」という課題に対処することである。

分散的なイノベーションネットワークへの注目が高まる一方で、デジタル情報技術のもう一側面である次のようなデジタルコンバージェンス[31]はあまり認識されてこなかった。デジタル情報技術は、多様なアナログ情報を画一的なデジタル形式に変換することを可能にした。画一的な形式に変換できたことで、以前は関係づけられていなかったさまざまな情報を、一塊の情報として、簡単に操作・結合できるようになった。いわゆる、「トリプルプレイ(ブロードバンドインターネット、電話、TV の結合)」「クアドルプルプレイ(トリプルプレイとモバイルインターネットの結合)」は、その一例である。

3.3.4　イノベーションネットワークの種類

表 3.2 は、前節で解説した「コミュニティにおける調整と統制の分散性」(横向き、行)と「コミュニティの知識の源泉の多様性」(縦向き、列)で、イノベーションネットワークを 4 つに分類したものである。

横向きは、ネットワーク内のさまざまなアクタに対して調整と統制が分散化された程度を表している。一方の極は、完全な集中的統制である(例えば、一

表 3.2　イノベーションコミュニティの 4 類型

		調整と統制の分散化	
		中央集中的	分散的
知識の資源の異質性	同質的	タイプ A 集中的 イノベーション	タイプ B オープンソース イノベーション
	異質的	タイプ C コミュニティ横断的 イノベーション	タイプ D 二重に分散化された イノベーション ネットワーク

企業内におけるトップダウンによるイノベーション)。もう一方の極には、完全に分散化した統制と調整である。これには、オープンソースコミュニティや共同事業を推進する緩やかに連結された業界団体が挙げられる。

縦向きは、知識の源泉の多様性の度合いを表す。一方の極は、同質な技術プラットフォームを利用するコミュニティである。もう一方の極は、多様な技術やツールを利用するコミュニティである。

以下、(1)～(4)でそれぞれの内容を解説する。

(1)　タイプA：集中的イノベーション

このタイプのイノベーションネットワークは同一の知識の源泉に支えられており、そのなかでは認知的・社会的翻訳が中央集中的に起こる。TQMやISO 9000のように、組織内やコミュニティ内で行われるプロセスイノベーションなどがこれに該当する。これらのプロセスイノベーションは、単一のビジョンで突き動かされ、共通のツールに支えられている。

このイノベーションネットワークのなかで、人々は考え方を共有し、同じ用語や概念を使う。そのため、このイノベーションネットワークで起こる社会的翻訳は、他のタイプのイノベーションネットワークと比べると問題が起こりにくい。また、認知的翻訳における技術的ツールの役割が強調される。

(2)　タイプB：オープンソースイノベーション

このタイプのイノベーションネットワークの代表例は、オープンソースコミュニティである。各アクタは中央集中的な統制下にはない。ネットワークに参加するアクタは自分たちの興味関心や、自主性にもとづいて行動する。こうしたアクタは、相対的に単一のデジタル情報技術プラットフォームで作業する。それぞれのアクタは、イノベーションの異なる部分に貢献しているため、オープンソースイノベーションのネットワークにおける社会的翻訳は、補完的なつながりをもとにする傾向がある。このイノベーションネットワークで引き起こされるイノベーションは、他のタイプと比較すると、経済的な効率が良い。

(3) タイプC：コミュニティ横断的イノベーション

このタイプのイノベーションネットワークは、個々人が、中央集中的な統制下に置かれている。それは多くが単一の組織階層に組み込まれている。しかし、単一の組織階層に組み込まれながらも、そのなかには部門や課、あるいは事業部などのように、より小さなコミュニティ(知識コミュニティ)が存在している。このような小さなコミュニティは外部のコミュニティと公式あるいは非公式につながっている。コミュニティ内のメンバーは、彼らの知識や専門性のもととなる外部の専門的な組織と強力に結びつき、彼ら自身のもつ独自性や知識の源泉を維持し続けている。その一方で、コミュニティ内では、ほとんど知識が共有されていない。

このイノベーションネットワークの代表例には、統合的なソリューションやサービスを提供しようとする、多くの部署をもつ大企業が挙げられる[32]。例えば、IBMは、「ITサービス」を行う企業になるために、劇的な組織構造の変革を行った。新しい体制のもとでは、コンサルティング部門を通して始まる顧客との対話は、IBM内のソフトウェアやハードウェア、テレコミュニケーションやデザイン、研究といった他の部門も連携し、顧客へのソリューションを提供する形態をとっている。

(4) タイプD：二重に分散化されたイノベーションネットワーク

属する個人の組織統率が分散的であり、そして高度に異質な知識をもった諸個人によって形成されるイノベーションネットワークは、もっとも複雑なコミュニティである。本項ではそのようなネットワークを「二重に分散化されたイノベーションネットワーク」と呼ぶ。

このタイプのイノベーションネットワークに当てはまるのは、プロジェクトチームなどのコミュニティである。モバイルサービスのような、変化の激しい、新しい技術市場でも見られる[33]。科学者のコミュニティも、このタイプのイノベーションネットワークに当てはまる[34]。

変化の激しい市場では、以前には結びついていなかったアクタ(機械製造業など）が、新しいサービスの構築や、新しい事業のアレンジを行うために、視点や技術フレームを持ち寄る。ここで鍵となる課題は、しばしばぶつかり合うこともある利害をもったさまざまなイノベーションの遂行者を一つのコミュニティとして動員する必要があることである。その結果、さまざまな知識資源が投入され、それらが競い合うことになる[35]。

このタイプのイノベーションネットワークでは、認知的翻訳も社会的翻訳も問題となりやすい。なぜなら、コミュニティを構成するアクタが高度に異質であり、技術的ツールが競合しているからである。しかし、新しい技術的枠組みが出現した後でさえ、各アクタが独自にユニークな視点やアイデアを追求し続けるので、対話が途絶えることはない。

現代の経営環境の変化は激しい。そのようななか、現代の企業、各種組織が持続的に発展していくためには、イノベーションを継続的に創起していく必要がある。プロセスイノベーションを目指すならば、タイプＡのイノベーションネットワーク、言い換えれば現行の組織形態でTQMなどのマネジメントシステムを究極まで追求していくことで成すことができるであろう。しかし、新たな顧客・市場を獲得できるようなプロダクトイノベーションや事業の変革を伴うようなイノベーションを目指そうとするならば、タイプＤを目指すことになろう。タイプＤは、最も複雑なコミュニティであり、その運営は容易ではない。それを誘導し、運営するための人員を、一組織内というよりも社会全体で育成していくことが必要である。読者には、そのような人々をどのように育成すればよいかを考えてほしい。

●参考文献

［1］　シュンペーター（著）、塩野谷祐一（訳）（1977）：『経済発展の理論（上・下）』、岩波書店（原著 Schumpeter, J. A.,（1926）：*Theorie Der Wirtschaftlichen Entwicklung*, 2, Virtue of the auhorization of Elizabeth Schumpeter）
［2］　岸川善光（編著）（2004）：『イノベーション要論』、p.3、同文舘出版
［3］　一橋大学イノベーション研究センター（2001）：『イノベーションマネジメント

入門』、p.3、日本経済新聞社

[4] トニー・ダビラ、マーク・J. エプスタイン、ロバート・シェルトン（著）、スカイライトコンサルティング（訳）(2007)：『イノベーション・マネジメント』、pp.73-92、英治出版（原著 Davila. T., Epstein, M. J., Shelton, R.(2006)：*Making Innovation Work: How to Manage It, Measure It, and Profit from It*, Wharton School Pub）

[5] マイケル・L. タッシュマン、チャールズ・A、オーライリー3世（著）、斎藤彰悟（監訳）、平野和子（訳）(1997)：『競争優位のイノベーション』、pp.190-217、ダイヤモンド社（原著 Tushman, M. L., O'Reilly, C.(1997)：*Winning through innovation : a practical guide to leading organizational change and renewal*, Harvard Business School Press）

[6] クレイトン・クリステンセン（著）、伊豆原弓（訳）(2000)：『イノベーションのジレンマ』、pp.27-58、翔泳社（原著 Christensen, C. M.(1997)：*The innovator's dilemma : when new technologies cause great firms to fail*, Harvard Business School Press）

[7] ジョー・ティッド、ジョン・ベサント、キース・パビット（著）、後藤晃・鈴木潤（監訳）(2004)：『イノベーションの経営学』、pp.6-8、NTT 出版（原著 Tidd, J., Bessant, J., Pavitt, K.,(2001)：*MANAGING INNOVATION: Integrating Technological, Market and Organizational Change*, John Wiley & Sons）

[8] J. M. アッターバック（著）、大津正和、小川進（監訳）(1998)：『イノベーション・ダイナミクス』、pp.105-129、有斐閣（原著 Utterback, J. M.(1994)：*Mastering the dynamics of innovation:how companies can seize opportunities in the face of technological change*, Harvard Business School Press）

[9] Auerswald, P., Branscomb, L.(2003)："Valleys of Death and Darwinian Seas: Financing the Invention to Innovation Transition in the United States", *The Journal of Technology Transfer*, Vol.28, No.3-4, pp.227-239.

[10] 伊丹敬之、宮永博史：「イノベーション経営を阻む三つの関門」、『日経 BizGate』、2014 年 5 月 20 日

[11] 吉野彰：「私の履歴書①〜㉚」、日本経済新聞、2021 年 10 月

[12] OECD：*Oslo Manual: Guidelines for Collecting and Interpreting Innovation Data, 3rd Edition*（http://www.oecd.org/document/33/0,3343,en_2649_34273_35595607_1_1_1_37417,00.html）.

[13] 例えば、遠山曉（編著）(2007)：『組織能力形成のダイナミックス―Dynamic Capability（日本情報経営学会叢書）』、中央経済社

[14] Lawson, B., Samson, D.(2001)："Developing innovation capability in organizations : a dynamic capabilities approach", *International Journal of Innovation Management*, Vol. 5, No. 3, pp.377-400.

[15] 太田雅晴（編著）(2007)：『イノベーションマネジメントに関する調査報告書（OCU、GSB リサーチシリーズ No.9）』、大阪市立大学大学院経営学研究科

［16］　富澤修身(編著)(2009)：『大阪新生へのビジネス・イノベーション』、「中小企業の経営実態とその再生指針―イノベーション創出のための組織能力の視点から―」(太田雅晴)、pp.52-63、ミネルヴァ書房
［17］　前掲書[7]
［18］　Rogers, E.(2003)：*Diffusion of Innovations (5th)*, NY Free Press.
［19］　三藤利雄(2007)：『イノベーションプロセスの動力学』、芙蓉書房出版
［20］　例えば、Carvalho, L. C., Vasconcellos, M. A., Serio, L. C.(2011)："Innovation Process: an evaluation of scientific production from 2000 to 2009", *Proceeding of 22nd Annual Conference of the Production and Operations Management Society.*
［21］　前掲書[4]
［22］　Ota, M., Hazama, Y. (2008)："Innovation Process Model and its verification with Japanese enterprises survey", *Proceedings of 16th internatioal Anual EurOMA Conference*.
［23］　Ota, M.,Y. Hazama, D. Samson(2013)："Japanese Innovation Process", *International Journal of Operations & Production Management,* Vol.33, No.3, pp.275-295.
［24］　前掲書[15]
［25］　Porter, M. (1991)："Toward a dynamic theory of strategy", *Strategic Management Journal, 12 (Wint. Special)*, pp.95-117.
［26］　竹岡志朗、太田雅晴(2009)：「イノベーション研究におけるアクターネットワーク理論の適用可能性」、『日本情報経営学会誌』、30巻１号、pp.52-63
［27］　Boland R. J. and Tenkasi R. V.(1995)："Perspective making and perspective taking in communities of knowing", *Organization Science,* Vol. 6, pp.350-372.
［28］　Altshuller G. (1984)：*Creativity as an Exact Science: The Theory of the Solution of Inventive Problems,* Amsterdam: Gordon and Breach Science Publishers.
［29］　Kellogg K. C., Orlikowski W. J., and Yates J. (2006)："Life in the trading zone: Structuring coordination across boundaries in postbureaucratic organizations", *Organization Science,* Vol.17, pp.22-44.
［30］　von Hippel E. (2005)：*Democratizing Innovation,* Cambridge, MA: MIT Press.
［31］　Lyytinen K. and Yoo Y. (2002)："The next wave of Nomadic Computing", *Information Systems Research,* Vol.13, pp.377-388.
［32］　Sawhney M., Balasubramanian S., and Krishnan V.(2004)："Creating Growth with Services", *MIT Sloan Management Review,* Vol.45, pp.34-44.
［33］　Yoo Y., Lyytinen K., and Yang H.(2005)："The role of standards in innovation and diffusion of broadband mobile services: The case of South Korea", *Journal of Strategic Information Systems,* Vol.14, pp.323-353.
［34］　Galison P. (1997)：*Image and Logic: A Material Culture of Microphysics. Chicago,*

The University of Chicago Press.
[35] Carlile P. R. (2002)："A pragmatic view of knowledge and boundaries：Boundary objects in new product development", *Organization Science*, Vol.13, pp.442-455.

●演習問題

問3-1　Amazon、トヨタ、Googleは、イノベーティブな企業であるといわれる。シュンペーターのイノベーションの定義(5つの新結合)に則して、彼らが行っているイノベーションを書き出してみなさい。

問3-2　イノベーションの分類には3種がある。それぞれの分類は事業活動のどのような視点に力点を置いたものか。

問3-3　S字カーブは、イノベーションマネジメントにおいては何を判断するときに用いられるか。

問3-4　自分がイメージできる製品やサービス(例えば、スマートフォンや音楽配信サービス)の三つの谷として、どのような谷があったか。

問3-5　あなたが、自らの行動を、今後、イノベーティブにしていきたいと望んだ場合、その評価基準として何を設定すれば、その行動をより現実的なものにできるか。

問3-6　イノベーションケイパビリティとは何を意味するかを整理しなさい。

問3-7　イノベーションを成功させて経済的成果を得るためには、イノベーションマネジメントはどのようなプロセスを経ればよいか。

問3-8　イノベーションマネジメントにおける創造プロセス、普及プロセスは何を指すのか。身近な製品やサービスを例に挙げながら、説明しなさい。

問3-9　今後のイノベーションの成功のためには、過去において行われた包括的イノベーションプロセスを整理しておくべきだと述べた。何に焦点を当てながらそれは整理されるべきか。

問3-10　2つの視点を設定して、イノベーションコミュニティ(ネットワーク)を分類した。その視点は、それぞれイノベーションコミュニティのどのような特質に焦点を当てたものか。

問3-11　イノベーションコミュニティにおいて、デジタル化を基本としてイノベーションプロセスを進める場合、認知的翻訳や社会的翻訳を担うハードウェア、ソフトウェアはどのような役割を担うか。具体的なハードウェア名、ソフトウェア名を挙げながら説明しなさい。

問3-12　狭い国土である我が国では、過去、イノベーションコミュニティは対面で構成された。コロナ禍以降、それが難しくなってデジタル化によってそれを構成することが検討されている。我が国でのデジタル化によるイノベーションコミュニティの構成における課題を整理しなさい。

第4章 サステナブルマネジメントと複眼マネジメントへの誘引事項

4.1 概要

本書の目的は、前章までで学んできた我が国産業が醸成させてきたオペレーションズマネジメントにかかわる各種取組み、情報とその流れを支援する情報技術にかかわるマネジメント、新たな価値の創造を指向するイノベーションマネジメント、そして本章で述べるサステナブルマネジメントの4つのマネジメントの視点から、近年の経営環境の急激な変化に対応する具体的方策を読者自身が提言し、実行できるようになってもらうことである。それを本書では複眼マネジメントと呼んでいる。近年の社会状況や社会課題解決のためのサステナブルマネジメントにかかわる国際的な取組み、イノベーションを促すような制度の発展、DXに象徴されるような新たなコンセプトが、複眼マネジメントへの考察を後押ししてくれる。

最終章の本章では、これらに関連する以下の(1)～(4)についてそれぞれ解説する。

(1) SDGs

SDGs(Sustainable Development Goals：持続可能な開発目標)とは、貧富の格差の増大や地球環境の問題など、グローバル化に伴って発生してきたさまざまな社会問題の解決に向けた全世界的な取組みである。

筆者らは、SDGsが提起される以前から、イノベーティブサステナビリティという概念を提示し、各組織がそれぞれの本業で社会貢献を目指す必要性を主張してきた。その概要も含め、SDGsの概念とその事例を**4.2節**で述べる。また、同節では、「三方良し」や「報徳思想」など、我が国企業が事業を推進していくうえで、社是に組み込んできた歴史的思想についても触れる。複眼マネジメントが、継続的発展を標榜する限り、本節にかかわる内容は重要な指針として取り入れなくてはならない。

(2)　知的財産制度

知的財産制度は、個人または組織がイノベーションを創起した場合、そこから得られる利益を保証してくれる。したがって、この制度は、組織の価値創出を支援して継続的発展を後押ししてくれる。しかし、これは単なる制度ではなく、歴史的に見れば国家間の経済競争とも密接にかかわる事項であり、それを念頭に置きながら組織運営を行う必要がある。一方、この制度は、発明・発見を個々の人や組織のなかに抱え込むことから、互いに融通する契機につなげることから、イノベーションをさらに推し進めることにつながる。

以上より、知的財産制度は複眼マネジメントを推進するうえで重要な配慮事項であり、その概要を **4.3 節**で述べる。

(3)　グローバル化の進め方

サプライチェーンは言うに及ばず、バリューチェーンでさえも、一国もしくは個々の企業単独で完結させることはもはや不可能である。国ごとの産業発展の度合い、人口構成比や社会の成熟度に起因するニーズの違いから、企業が発展するためには、グローバル化に配慮し、複眼マネジメントを進める必要がある。組織が成長を求める限り、グローバル化は必然であり、その進め方で、イノベーションの進展も経済的成果も大きく異なってくる。イノベーションとグローバル化の関係性について **4.4 節**で述べる。

(4)　情報技術の活用

情報技術（IoT、AI、VR・AR など）[1)]の進化が、新型コロナウイルスのパンデミックを契機に加速している。もはやその活用なくして複眼マネジメントは検討できないといってもよいであろう。情報技術を有効に利用することで、「表出化している顧客ニーズだけでなく、潜在ニーズにも迅速に対応できる研究開発、企画、設計、製造、販売、物流の体制をいかに構築するか」が第一義的課題である。近年、DX が有用なコンセプトとして注目されているが、他にも多様な複眼マネジメントの方策を考え出さなくてはならない。**4.5 節**は、それらマネジメント方策、そしてそれらを担う人材の育成方策について、読者に考えてもらう切っ掛けになればとの思いで執筆した。

4.2　持続的成長と SDGs

(1)　イノベーティブサステナビリティ

2019 年 12 月から始まった新型コロナウイルスのパンデミック(コロナ禍)により、2022 年 2 月現在でも多くの国々で多数の人々が苦しみ、社会問題化している。例えば、コロナ禍以前から、我が国では東日本大震災(2011 年 3 月)以降のエネルギー政策を巡る根深い対立があり、少子高齢化には船頭多くして船山に上る感があり、ここ数年で特に台頭する隣国とは領土問題を抱えている。そのようななかで公衆衛生政策や雇用を巡る混乱や不安が人々を襲ってきており、先行きはますます不透明になってきているといえるだろう。

米国のような大国ですら少なからず政治は混乱している。世界規模で国家間・階級間・性別間の貧富の格差はますます拡大する傾向にあるなかで、以前にも指摘されていた問題をコロナ禍は露呈・拡大させたといえる。それに比して、わが国は、歴史的に幸いにも貧富格差が最も低い国で、どの指標をとっても非常に低率である[2)]。わが国は、そのような点からは世界的に見て理想的な国であり、われわれは極めて安全、安心、健全な社会に生きているといえよう。

経済的視点からは、わが国は戦後、持続的に発展してきた。別の言い方をす

---

1)　これらについては、**第 2 章**でも概説した。要約すれば、IoT により、現場の状況にかかわる情報をリアルタイムに収集できる。AI は、収集した情報を迅速かつ秀逸に分析してくれる。VR により、離れた地点間でのコミュニケーションをよりリアルに行うことできる。また、AR では、仮想空間と実空間の融合を目指せる。

れば、経済的には持続的発展が可能な状況を整えてきた。2000年代に中国に抜かれたGDPだが、まだ世界第3位で、「経済的に豊かな社会で生活している」といえる。我が国が経済的に発展するなか、総務省が行ったある調査[3]によれば、国民の生活価値観が1980年以降、「物の豊かさ」から「心の豊かさ」に大きくシフトしてきている傾向がある。どちらを望むかとの問いに、1980年には同数であったものが、現在では約60%の人が「心の豊かさ」を、30%の人が「物の豊かさ」を望むと回答している。今後、我が国は心の豊かさを充足できる国と我々は感じられるであろうか。世界規模で環境が激変するなか、持続的に発展可能な新たな状況を求めようと、もがき苦しんでいる過渡期かもしれない。我々がもし焦燥感を感じるなら、その理由は、個々人の価値観の変化に現代の日本社会が十分に対応できていないからかもしれない。

世界の経済的・社会的な環境を見れば、静的にサステナブルな時代(我が国だけが安穏と発展していたような時代)は終わったのである。これからは、動的なグローバル環境のなかでもサステナブルな状況を、激変する周辺諸国とともに我が国は構築していく必要がある。しかし、そこにはもはや模範とするようなモデルはない。社会、組織、個人、業務プロセス、全体の仕組み・システムの変革もしくは革新、つまり**第3章**で記述したイノベーションを推し進める以外に手立てはない。我々に突きつけられた課題の解決に向けて変革もしくは革新を先駆け、経済的にも社会的にも、継続的に発展できる状況を創造していくことが必要となる。

このようなイノベーションを個々人の発想で行うことは、個々人が前向きに活動することにもつながり、個々人が「心の豊かさ」を獲得することにもなる。簡潔に言えば、イノベーティブにサステナブルな状況を構築していくことが、現代日本の閉塞感を打破するうえでの要点でもある。

---

2)　例えば、英国のEquality Trustという団体[1]は、貧富の格差がさまざまな社会問題を引き起こすことを調査結果から明らかにしている。この調査結果[2]によれば、「精神疾患有病率、薬物使用の程度、平均寿命、乳幼児死亡率、肥満率、算数と読解の力、殺人者率、囚人率などは、貧富格差との相関が顕著である」という。

「イノベーティブサステナビリティ」とは、以上の言わば「あるべき姿」を簡潔に指し示す言葉として提示した筆者らの造語である。その定義は、「激変するグローバル環境のなかで、経済的かつ社会的な発展を継続できるように、社会、組織、個人、業務プロセス、全体の仕組み・システムの変革もしくは革新を国民自らが行い、それを継続していける状況」である[4]。

「サステナビリティ」は地球環境の保全を意味することが多いが、本章では、それらを含めて我々に不安を感じさせるようなさまざまな社会問題への対処がなされた状況を意味する。また、本章では、社会全般というよりも、それを構成する重要な個別活動主体である企業に焦点を当てている。特に企業経営のあり方とその継続的発展を促すための経済的・社会的環境の整備に焦点を当てている。本書の最終目標は、経済的かつ社会的にサステナブルな状況(持続的に発展するための状況)をイノベーションでもって構築するための道程を探ることでもある。

(2) CSRとサステナブルデベロップメント

上記のようにサステナビリティという点で、戦後我が国は世界のなかで極めて先導的な立場を築いてきた。しかし、近年の激変する環境のなかで、サステナビリティを再確認・再検討する必要性に迫られているのも事実である。サステナビリティに対する我が国の状況を海外の状況と比較しながら検討してみよう。

我が国のサステナブルデベロップメント(Sustainable Development：持続可能な開発)や環境保護への企業の取組みは、表面的にはともかく、実体的には、欧米と比べて立ち遅れている可能性がある。その原因は、これらの取組みが収益を生まないコストとして捉えられたり、本業の事業計画から離れたアドホックな世評を目的とした活動として取り扱われたりしているためである。とりわけ株式市場を通じたステークホルダからの関与に欠ける中小企業ではその傾向は顕著である。このことは、日本の企業の社会的責任(Corporate Social Responsibility：CSR)に関する取組みの多くが、本来の事業計画に組み込まれない独立した行為として位置づけられている点からも明らかである[5]。

海外では、メルボルン大学の Suzy Goldsmith や Danny Samson の調査研究などが明らかにしているように、サステナブルデベロップメントを営利企業の事業計画のなかに組み入れて社会的価値と経済的価値の同時獲得に成功している事例、あるいは事業計画に本格的に組み入れたがゆえの成功事例が多く見られる3)。つまり、本業で社会貢献をするのが、真の意味でのサステナブルデベロップメントである。我が国企業も次第にこの考え方に転換してきているが、まだ多くの企業が CSR に終始しているように感じられる。

(3)　社会貢献を指向する我が国企業の企業理念

前項では、社会的価値と経済的価値の同時獲得の重要性について述べた。また、我が国企業は CSR への取組みが表面的になりがちであるとも述べた。しかし、我が国企業でも、継続的な発展を遂げ、業績を伸ばしてきた企業は、独善的にならないように企業理念や自らの活動に社会貢献を指示する考え方を取り入れてきている。典型的な考え方として、「三方良し」や「報徳思想」である。CSR という言葉が登場するずっと以前から、社会貢献を事業の基本としないかぎり事業の発展は保証されないことを経験から学んできたのである。

三方良しとは、「売り手良し、買い手良し、世間良し」の３つの良しを常に念頭に置きながら商売をしようという考え方である。この考え方を基礎として商売をしようとした近江商人[6]とは、現在の滋賀県の琵琶湖周辺を基盤に置き商売をした人々で、戦国時代から江戸時代に全国で活躍した。この考え方は、江戸時代中期の近江商人である中村治兵衛が孫に残した書置にあるとされている。それには、「たとへ他国へ商内に参り候ても、この商内物、この国の人一切の人々、心よく着申され候ようにと、自分の事に思わず、皆人よき様にと思い」と書かれていたとされる。つまり、「自分のことよりもお客様のことを考え、みんなのことを大切にして商売をすべき」としており、明確に「本業で社会貢献をしていこう」という考え方を含んでいると考えることができる。この

3)　例えば、BHB Billiton, Blackmorse, Eli Lilly, Multiplex, OneHarvest/Vegco,Vic Super などの企業が挙げられる[6]。

考え方を強く踏襲している企業として、近江に発祥がある伊藤忠商事や西武グループがよく知られている。

報徳思想とは、江戸時代末期に、二宮尊徳(1787〜1856)が、疲弊した農村を再興した活動から生まれた考え方である。その活動は、日本全国で600余の農村の再興に役立ったといわれている。その考え方の基本は、「至誠・勤労・分度・推譲」という四つの柱[7]にある。

- 至誠は、まごころをもってことにあたること
- 勤労は、大きな目標に向かって構造をおこすにしても、小さなことから怠らずつつましく勤めること
- 分度は、適量・適度のこと
- 推譲は、分度をわきまえ他者に譲れば、周囲も自分も豊かになること

至誠、分度、推譲は、他者とともに生きていこう(つまりは、社会貢献に配慮しながら活動しよう)とする考え方である。この考え方は、報徳思想を広めようと岡田良一郎が創設した大日本報徳社[4)]のある遠州地方およびその周辺の三河地方の企業、例えばトヨタ、ヤマハ、ホンダ、スズキなどの企業に大きな影響を与えたとされている。また、全国の歴史ある著名な企業にも大きな影響を与えたと考えられる[8]。

一例としてトヨタの企業理念に当たる豊田綱領[5)]を挙げれば、次のように記載されている。

「豊田佐吉翁の遺志を体し

　一　上下一致、至誠業務に服し産業報國の實を擧ぐべし

　一　研究と創造に心を致し常に時流に先んずべし

　一　華美を戒め質實剛健たるべし

　一　温情友愛の精神を發揮し家庭的美風を作興すべし

　一　神佛を尊崇し報恩感謝の生活を爲すべし」

---

4)　静岡県掛川市に本部をおく公益社団法人であり、現在でも二宮尊徳の報徳思想を信条としてその普及を行っている(https://www.houtokusya.com/)。

5)　豊田佐吉記念館(https://global.toyota/jp/company/profile/museums/sakichi/)で原典を見ることができる。

至誠という言葉を代表として報徳思想が反映されているのがわかるであろう。

また、大日本報徳社には経済門と道徳門がある。それらは二宮尊徳の報徳思想にもとづき今日も活動している人々によれば、二宮尊徳の考え方を集約した「道徳なき経済は犯罪であり、経済なき道徳は寝言である」[6]を象徴している。道徳という言葉の中に、社会への配慮、社会貢献が込められていると考える。

筆者が幹事を務めるある関西の経済団体が主催した講演会で、関西の老舗そば店の会長が講演で述べた次のような言葉が印象的であった。

「皆さん、『儲かりまっか？』という言葉の意味を知っていますか。東京の人は、この言葉を聞いたとき、関西人は金の事ばかり考えているいじきたない人間、と思うらしい。この言葉の真の意味は、『社会貢献していますか？』という意味です。昔、大阪の商売人は、商売で儲けて、それを良く大火に見舞われる天満宮に寄進することを第一義として活動[7]、つまりは社会貢献を目標として活動してきた。関西の実業家の皆さんには、これを忘れないで活動して欲しい」

以上のように、我が国の企業は、地球環境の保全という視点は入らないものの、本業が社会貢献を同時に兼ねなくてはその発展は無いことを経験から体得するとともに、それを指示する体系的な思想が背後にあったのである。次項で述べるSDGsは、グローバルに推し進められている社会貢献目標である。日本企業がグローバルに活動しようとすれば、それと自らの企業理念および活動とのすり合わせが必要となる。

(4)　SDGs

企業が社会の一員としてその継続的な存続を目指すためには、CSR、サステナブルデベロップメント、イノベーティブサステナビリティのいずれに対して

---

6)　この言葉を尊徳が残したかどうかの確証はない。しかし、尊徳の考え方にもとづき活動した人々のなかでは広く使われる言葉であることは確かである。

7)　2014年に放映されたNHKドラマ、「銀二貫」はこれをテーマとしていた。原作は、高田郁(2009)：『銀二貫』、幻冬舎である。

も十分に取り組むことが必要要件になる。近年の世界的な傾向だと、**図 4.1** に示す SDGs[8] や ESG 投資[9] などが注目されている。SDGs は企業の活動に特化したものではなく、社会全体が目指すべき目標とされているが、企業が社会

出典）　経済産業省：「政策について―政策一覧―対外経済―通商政策―SDGs」(https://www.meti.go.jp/policy/trade_policy/sdgs/index.html)

図 4.1　SDGs：17 の持続可能な開発目標

---

8)　具体的な 17 の目標については、日本ユニセフ協会「SDGs17 の目標」[7] などを参照。
　もともと、2000 年に 143 の国の代表が採択した国連ミレニアム宣言（平和と安全、開発と貧困、環境、人権とグットガバナンス、アフリカの特別なニーズなどを目指すミレニアム開発、MDGs）があった。それを、国際連合創設 70 周年を迎えた 2015 年に「国連ミレニアム宣言は一定の成果があったが、まだまだ課題が残る」として見直し、世界が目指すアジェンダとして国連に加盟する 193 の国が全会一致で採択した「我々の世界を変革する：持続可能な開発のための 2030 ジェンダ」の通称が SDGs である。

9)　ESG（Environment, Social, Governance）投資とは、企業に投資をする場合、SDGs に則して事業展開している企業に投資をしようという考え方である。SDGs に則して事業を行っている企業は継続的な発展が期待できるからである。その額は、3000 兆円に及ぶといわれる。したがって、企業が事業を拡張したい場合、必然的に SDGs に沿うような事業展開をすることになる。

構成要素の一つである限り、その達成を目指すことは必然である。具体的なSDGsの事例として、以下を紹介する。

ESG投資を呼び込みたいとの思惑もあり、SDGsへの取組みは、特に大手企業を中心にさまざまなものが行われている。しかし、本書では、地域の取組みとして、鳥取県日南町[10]における公的機関の取組み例に注目したい(**図4.2**)。

同町では率先してSDGsに取り組んだことで、2019年度には政府から「自治体SDGs未来都市」に選定された。以下、同町の政府申請書から本書の参考

町産木材による庁舎

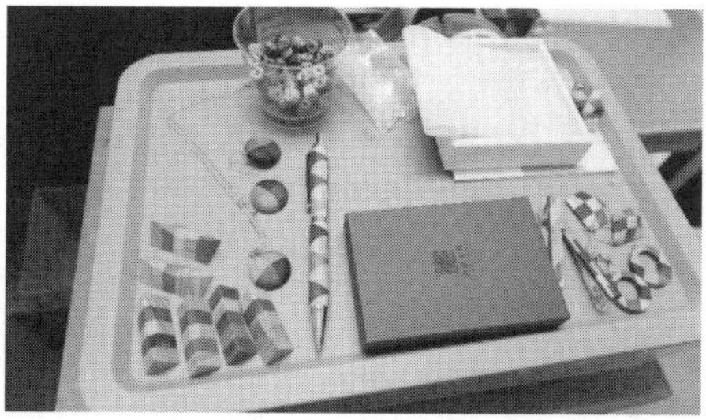

廃材利用の工芸品製造・販売

有機農法による米作り

図4.2　鳥取県日南町における公的機関の取組み(例)

10)　鳥取県日南町は、島根県、岡山県、広島県と県境を接する鳥取県の南西に位置する人口４千人規模の高齢化、過疎化が進む町であり、これら地域課題の解決を目指して、持続可能なまちづくりを目指している。林業が主な産業である。

になる情報をとりまとめた。

① 循環型林業の構築

豊富な森林資源を余すところなく有効に利用する「カスケード計画」を組み合わせた新たな林業の6次産業化を推進し、継続的に森林を活用していく循環型林業の構築を目指している。本町の約9割の面積を占める森林は、木材としての価値だけでなく地球温暖化防止や水源涵養など、人々の生活に数多くの恵みを与えてくれる。また、町内の木材関連企業による単板積層材(LVL)の製造販売、国際基準のFSC(Forest Stewardship Council)森林認証の取得、J-クレジット制度の取得・販売など、付加価値をつけた木材の販売を進めている。

② 企業へのCSRフィールドの提供

木材利用やCSR活動の誘致、農産物等のブランド化など、地元や都市部の企業との協働による新たな政策の展開を推進している。例えば、2009(平成21)年から、㈱日本通運とのCSR活動「日通共生の森」を誘致し、さまざまな企業などへのCSR活動等へフィールドの提供を行っている。また、お米や農産物などを中心としたブランド化でヤンマー㈱とタイアップするなど、農林業を中心にさらなる第一産業の推進を図っている。

③ コンパクトビレッジ構想

人口減少と高齢化、農林業を中心とする第一次産業の衰退など、さまざまな課題に対応した持続可能なまちづくりを推進するため、人口や交通、公共施設などを町の中心地域に集約し、拠点を形成していく構想である。

④ 「にちなん日野川の郷」の取組み

全国初の環境貢献型道の駅(CO_2排出ゼロの道の駅)である。取り扱う農産物や加工品など、すべての商品に1品1円を上乗せし、町の森林整備に回す「寄付型オフセット商品」としている。さらに、道の駅から排出されるCO_2を本町所有のJ-クレジットを活用してオフセットすることで「林業の町ならでは」のCO_2排出ゼロを可能にした。2016(平成28)年にはカーボンオフセット大賞「農林水産大臣賞」を受賞するとともに、全国初のFSC森林認証道の駅として同年にはウッドデザイン賞も受賞した。

⑤　森林資源を余すことなく活用した新たなビジネスモデルの構築

既存の伐採、製材加工、販売という一連の森林施業に加わる新たな産業の創出(とりわけ森林資源に恵まれた日南町ならではの産業の掘り起こし)を図っている。その一環として、例えば産業としての「木のおもちゃ」などの林業加工品等の販売を行うことで中山間地域から新たな経済を生み出す仕組みづくりに取り組んでいる。

町内の木工関連企業や森林組合、寄木細工職人の白谷工房、日南町シルバー人材センター、障がい者就労支援事業所(にちなんつなで)などが連携し、新たな生産販売企業を設立し、生涯現役の活躍の場を創出する。さらに、中山間地域に人が集う新たなビジネスモデルを構築するため、「女性、こどもなどが集う場、仕組みづくり」を推進し、女性や民間などの専門人材の視点から発想豊かな新しいアイデアによる新たな産業、企業の創出、経済循環の流れを作り、持続可能なまちづくりを目指している。

4.3　新たな価値を生み出す知財の活用体制の構築[11)]

(1)　知財、オープン＆ユーザイノベーション

人々の生み出す発明や文化的創作・商標などは、各国で定められる知的財産法のもとで知財として権利化できる。法に定められた期間のなかで、権利の保有者は保護された内容を独占的に実施できる。現代の企業は、こうした知財を効果的・効率的に創造して権利化し、さらにその権利を行使(製品化に向けた

11)　本節は、章末の参考文献[12]の第7章を参照し、また一部を引用している。

活用や権利侵害に対する訴訟）することで競争優位を獲得することが求められる。

イノベーションは、企業や産業内で生み出された知財を活用して新たな価値を創造する活動でもある。そのための課題は、「物的な経営資源と異なる性質をもつ知財という資源を、商業化段階でその他の資源といかに有機的に統合させるか」「それらを知的財産権としていかに戦略的に活用するか」である。

(2)　イノベーションと知的財産の関係性

知的財産権の保護は、創造・活用される知財の価値と知財の創造のためにかかるコストの差を最大化し、創造に対するインセンティブを与えることにある[13]。企業の技術開発のように、知財のなかには投資によって生み出されるものも存在する。投資をするからには、企業はその成果から利益を得ようとする。しかし、優れた技術を生み出した企業が、必ずしも投資から得られる利益を最大化できるとは限らない。なぜなら苦労して開発した技術的知識の多くについて、開発主体がそこから得られる利益を占有することが難しいからである[14]。

企業が研究開発によって得られる利益を大きくするには、投資の結果創出された技術を商業化するための補完資産（complementary assets）の有無と、その技術が模倣から法的に保護されているかどうかが重要である[15]。

ここでは、知的財産権をイノベーションからの利益を守るための手段（占有可能性を確保する手段）とする一方で、補完資産の役割にも注目するサリヴァン[16]のモデル（**図 4.3**）で考えてみよう。

知識活用型企業とは、自社の知的資本（intellectual capital）を競争力の源泉とする企業である。このモデルでは、知財を知的資産（intellectual assets）としている。また、知的財産権とは、「発明、文書、プログラム、デザインなどの知的資産のなかから、法的な権利の対象となったもののこと」である。

知的資産は経験、ノウハウ、スキル、創造性など人的資本（human capital）によって創造される。知的資本は、知的資産と人的資本で構成されている。前

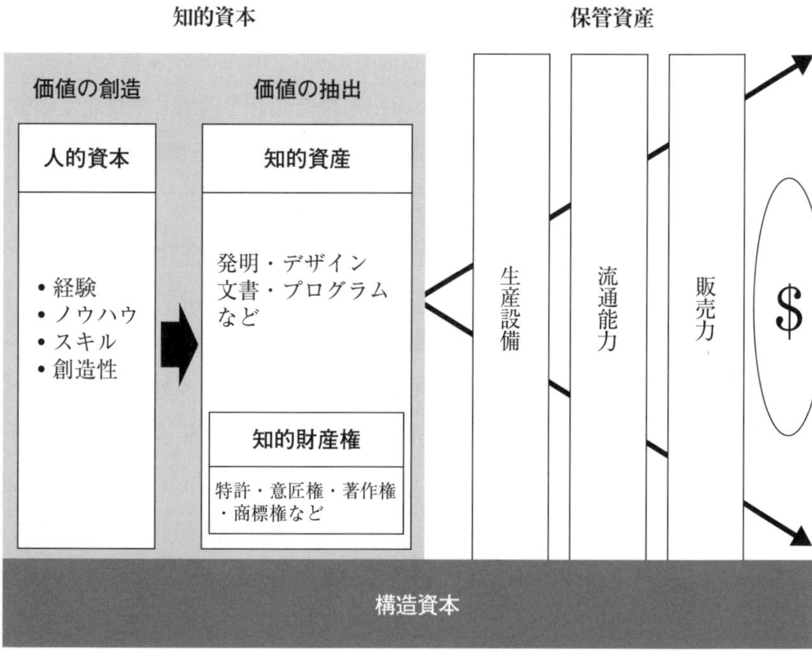

出典）　パトリック・サリヴァン（著）、水谷孝三・一柳良雄・船橋仁・坂井賢二・田中正博（訳）（2002）：『知的経営の真髄』、東洋経済新報社（原著 Sullivan, P. H.（2000）：*Value-Driven Intellectual Capital*, John Wiley & Sons）

図 4.3　知識活用型企業のモデル

者が所有の対象となるのに対し、後者は取り替え不可能であるところに、両者の違いがある。

知識活用型企業は、知的資本の価値を高めるために、人的資本に対し、直接的支援（コンピュータや情報システム、企業ノウハウなど）や、間接的支援（戦略や給与体系、費用構造など）を、提供する必要がある。これらは構造資本（structural capital）と呼ばれている。知的資産は、製造設備や流通網、顧客リスト、顧客との関係、下請けとのネットワーク、ブランドなど補完資産と統合し組み合わせることで、商業的価値が高まる。

以上のように、企業がイノベーションによって生み出す利益を守るためには、知的財産権だけでなく補完資産にも注目する必要がある。

(3) 知的財産制度の歴史

国家が知的財産制度を整えることは、昔から自国の発展にとって重要な政策的な課題であった。例えば、特許の仕組みは、14～16世紀のヴェネチアやフランス、英国で既に確立された特許状(letters patent)の仕組みにさかのぼることができる[17][18]。これは、新技術に習熟した外国の職人に、その技術の国内での使用(製造・販売)を排他的に認める特許状を与えることで、優れた外国職人を移民として多数自国に招き入れ、他国の新技術を国内で普及させるための仕組みである12)。

この仕組みを近代的な特許制度として発展させたのが、17世紀の英国である。当時の英国の技術水準は大陸諸国に大きく劣っており、優れた技術をもった大陸の職人の英国への移住を誘導するために特許状が付与されていた。この特許状が一部産業の独占を招いたので、この特許状に関する国王の権力を制限する必要があると考えた英国議会は、1624年に専売条例(Statue of Monopolies)を制定した。この条例は、新しい方法の発明者に14年以下13)の期間に限って専業特許を与えるとともに、国王による専業特許状の発行を原則として禁止し、例外として新規事業、特に発明に限って発行を認めるものであった。特許制度は、新規の発明に限って一定期間その利用を独占する権利を与える仕組みになったのである。

(4) 経営戦略のなかでの知的財産権

法的手続を経れば自社の知財が権利として保護される状況でとるべき戦略とは何だろうか。代表的な知財戦略に、「権利化して他社がその知的財産を利用することを防ぐ方法」がある[19]。その具体例については例えば以下の2つがある。

---

12) これらの特許状は、統治者である国王の自由裁量で与えられていた[17]。当時の特許制度は、自国産業の規制(認められた者のみが製造・販売できる仕組み)を通じて、国王の政治的権力を維持・強化する機能も担っていたのである。

13) 石井[18]によれば、当時の徒弟修業年限は7年間であり、14年間あれば2回転実施でき、技術が確実に移転できると考えられた。

① 医薬品の場合

開発された化学物質を保護できれば製品そのものを保護する状態に近くなる。この戦略は、医薬品における高額な研究開発投資の回収のために行われることが多い。医薬品産業では、製品となる新医薬品の研究開発に 9 ～ 17 年を要するにもかかわらず、新薬として発売される成功確率は 21677 分の 1 と非常に低い[20]ためである。

② 1 つの製品に多数の特許が必要になる場合

例えば、電気や機械、半導体などの産業では、1 つの製品を完成させるために関連する多くの特許が必要になる。これらすべての特許を企業単体で保有することはほぼ不可能で、製品化に必要な特許を他社が保有している場合が出てくる。こうした状況では、使用する権利(ライセンス)の取得や他社から受ける特許侵害警告への対応が必要になる。この対応にはさまざまなパターンが考えられる。

最も単純なケースだと、他社から必要な特許などの実施許諾権を購入する場合がある。つまりは特許権の売買交渉で、ストレートライセンスと呼ばれる。また攻撃的手段として特許を他社に開放し、その対価としてロイヤルティを取得することもできる。このような方法をオープンライセンスポリシーと呼ぶ[21] 14)。

さまざまな知財戦略を効果的に実行するには、社内で研究から生み出された知的財産を、技術や法律の知識をもとに選別しなければならない。企業は専門的にこれらの業務に取り組むために、知的財産部や「知財屋」[22]と呼ばれる組織をつくっている。これらの基本的な業務は、「❶特許になる発明を社内から

---

14)　オープンライセンスポリシーには、売買契約を結ぶものとは別に、クロスライセンスと呼ばれる方法もある。もし仮に 1 つの製品をつくるのに必要な特許権それぞれに対して実施料を支払い、その交渉にかかったコストも販売額に上乗せしていくと、市場で受け入れられない価格で販売することになりかねない。これに対しクロスライセンスでは、自分のもつ特許権を交渉材料として使用する。複数の企業が、各々が保有する知的財産権の相互利用契約を結ぶのである。つまり、契約の成立は、互いの特許権の使用許諾料が相殺されたことを意味する。これは訴訟リスクを負わずに製品を開発する仕組みでもある。

見い出す」「❷その特許が経営戦略において重要な働きをするように明細書や申請範囲(クレーム)を考える」ことである。

(5)　オープンイノベーションと知的財産権

自社での製品化や他社とのクロスライセンスのために積極的に権利化を行う大企業では、多くの特許が死蔵されている。このため、近年企業の知財戦略を変えるものとして注目されているのが、オープンイノベーションである。

オープンイノベーションとは、「企業内部と外部のアイデアを有機的に結合させ、価値を創造すること」「企業が自社のビジネスにおいて社外のアイデアを今まで以上に活用し、未活用のアイデアを他社に今まで以上に活用してもらうこと」である[19]。これを理解するには、クローズドイノベーションとの対比が必要である。クローズドイノベーションとは、自前主義的に新たな価値創出を行う活動で、アイデアから試作品の製作、テスト、顧客の反応の調査などをすべて自社で実施する。そこでは企業が創出・保有してきたあらゆる知財が、市場に提供されるまでに次第に選別されていく。

しかし、たとえ自社で選別されていく過程で必要がないと判断された知財でも、他社が必要とし他社がそれを利用するならば、新たな価値の創出が行われる可能性もある。さらに、技術開発に有用な知財は、規模を問わず世界中の企業や大学に分散している[23]。近年の製品開発では、自社が得意とする技術分野に限らず、他分野も含めた幅広い多くの技術要素を組み合わせることが必要とされている。 また、近年ではさまざまな産業で、研究開発コストが上昇していることに加えて、製品ライフサイクルが短命化している。こうした状況は、これまでのような研究開発に投資することで生み出された知財を市場で販売し、得られた売上から投資額の回収と利益を獲得していくモデルの転換地点ともいえる[24]。

オープンイノベーションは、**図4.4**に示すように、自前主義を絶対化せずに新たなビジネスモデルを構築し、自社負担の研究開発コストの削減および得られる利益の最大化を図るものである。利益を生み出す新たなビジネスモデルが

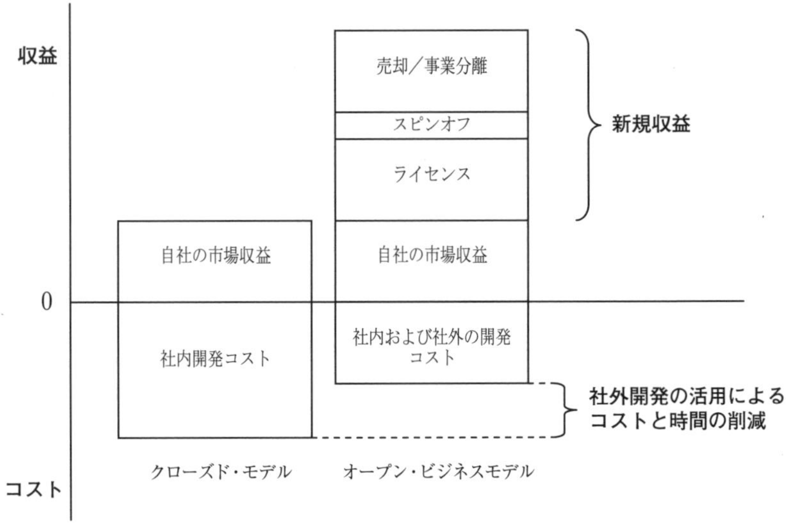

出典）ヘンリー・チェスブロウ（著）、諏訪暁彦（解説）、栗原潔（訳）(2007)：『オープンビジネスモデル 知財競争時代のイノベーション』、翔泳社（原著 Chesbrough, H.(2006)：*Open Business Models: How To Thrive In The New Innovation Landscape*, Harvard Business School Press）の p.21

図 4.4　オープンイノベーションの新しいビジネスモデル

確立できなければ、それは意味のないオープン化である。ビジネスモデル次第では、新たな知財戦略の創造（例えば知的財産権のライセンス収入の増加）として、オープンイノベーションが生まれる可能性がある[19]。

4.4　グローバル環境を利用するための価値創造マネジメント 15)

企業は、研究・開発から製品化・商品化までを国内だけで行うこともできる一方で、その一部をグローバルに展開することもできる。また、そのプロセスで獲得した知識や情報を集積することで、国や地域を問わずにイノベーションが実現できる体制を構築しようとする。このようにしてグローバル化されたイ

15)　本節は、章末の参考文献[12]の第 6 章を参照している。

ノベーションをグローバルイノベーションという[16)]。

一般に、企業経営のグローバル化は、企業活動の段階的な国際化によって実現される。例えば、生産、マーケティング、販売などの活動は現地指向が強く、初期段階から国際化が進むことになる。一方で、研究開発などの活動は、グローバル化の最終段階まで本社を中心になされる傾向がある。多くの企業は、本社所在国(本国)の優位性をもとに国内中心のイノベーションを行ってきた。しかし、本社のもつ人材や知識や技術など、本国にある経営資源のみを活用してグローバルな競争で優位を占めるという手法は、もはや限界にきている。企業をとりまく競争環境の変化によって、本国の優位性が安定して継続するとは限らなくなってきているからである。

本節では、まずグローバルイノベーションの古典的形態として国際 PLC (International Product Life Cycle) モデルを紹介する。次に、グローバルイノベーションの形態と戦略パターンを解説する。最後に、国際共創戦略(co-innovation strategy)の概念をとりあげる。

(1)　国際PLCモデル

プロダクトイノベーションとプロセスイノベーションは、先進国の革新的企業から開発途上国の子会社へと順次移転される。この流れをモデル化したものが、**図 4.5** の国際 PLC (International Product Life Cycle) モデルである。

国際 PLC モデルでは、プロダクトイノベーションとプロセスイノベーションのいずれにおいても主要先進国の本社が中心となる。本社でのイノベーションが、やがて準先進国の子会社へ、さらに開発途上国の子会社へと移転するものとされる[17)]。イノベーションの中心は主要先進国の革新的企業であり、その海外展開においてイノベーションが単線的に移転されるという考え方である。

---

16)　本節では、現地の製品開発、生産プロセスの構築、現地市場の開拓、国際共同事業など、広範な企業のイノベーションに注目している。しかし、「グローバルイノベーション」は、より限定的な意味で用いられることもある。例えば、研究開発(R & D)の国際化のみを指すようなケースである。その場合は、現地での研究開発センターの設立と運営が議論の主要な対象となる。

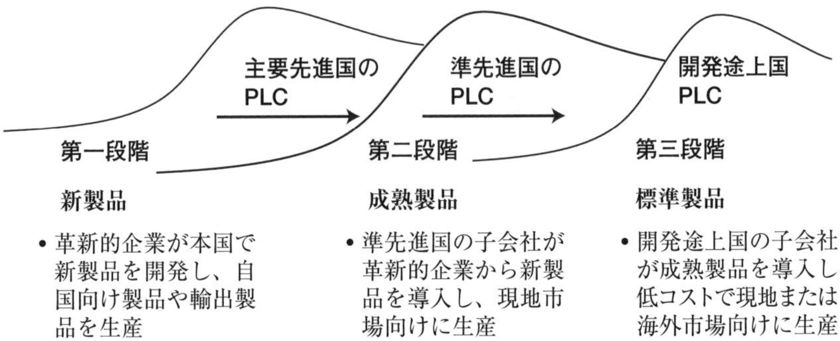

出典）Vernon,R.(1966)：International Investment and International Trade in the Product Cycle, *The quartely Journal of Economic*, 80(2), pp.190-207.

図 4.5　国際 PLC モデル

(2)　国際PLCモデルの限界

国際 PLC モデルでは、製品や生産プロセスの国際移転が単線的に行われることを想定している。したがって、国際 PLC モデルは、本社を中心にイノベーションを実現する意義を示すものであるといえる。しかし、この単線的なモデルでは、1970 年代以降のグローバルイノベーションの動向を説明することはできない[25]。

1970 年代以降、先進国を本国とする多国籍企業で、研究開発や生産の国際ネットワーク化が進められた。具体的には、国際同時開発、海外生産、現地調達が行われるようになった。実際に、米国の多国籍企業の多くは、1970 年代以降、研究開発センターや生産技術センター、生産拠点を海外に設立し、研究開発や生産プロセスの現地化を積極的に行っている。

例えば、スポーツシューズにおける世界のトップブランドメーカ「ナイキ」は、イノベーション活動の国際的なパートナーシップや分散化を進めてきた。その結果、基礎研究や総合 R & D 活動は米国で、素材やデザインは欧州やア

17) PLC モデルが開発された 1960 年代の場合、主要先進国の企業は米国の革新的企業、準先進国(second-tire country)の企業はヨーロッパや日本の企業、開発途上国の企業は韓国と中国の企業である。

ジアで、試作や生産は中国などで行うようになっている。多国籍企業のイノベーション活動は、本国集中を廃して国際ネットワーク化していく傾向にあるといえる。

また、準先進国や開発途上国の企業のイノベーション能力が向上し、主要先進国の企業との差が縮小しつつある。この動きは、2000年以降さらに加速化している。この背景には、新興工業国(中進国)であった韓国や開発途上国であった中国の成長がある。特にハイテク輸出、特許、人材の面では、韓国や中国と欧米の先進国との間で大きな差が見られなくなっている。これは、イノベーションが先進国だけで起きるものではないことを示唆している。今や企業の研究開発と生産の現地化が進み、プロダクトおよびプロセスイノベーションは、国と地域とを問わずに実現するのである。

この意味では、多くの先進国の企業が本国中心の研究開発からグローバルイノベーション体制へと転換していることは、むしろ自然である。イノベーションを起こすためのグローバルな研究開発や生産ネットワークの構築は、今や企業の成長において不可欠なものになっているといってよいだろう。

(3)　グローバルイノベーションの形態

第3章で述べたシュンペータの定義を援用すると、グローバルイノベーションの具体的な事象は、❶現地向けの製品またはグローバル製品の開発、❷海外生産における生産プロセスの改善、❸海外市場の開拓、❹国際的供給システムの運営能力の向上、❺国際的共同組織の実現の5つである。

こうした活動を、本国の本社と現地の子会社との間で、どのように察知(sensing)、対応(response)、実行(implementation)しながらイノベーションを実現していくかによって、グローバルイノベーションの形態は次の4つに分類される[26]。個々の形態を図式化した**図4.6**を参考にしながら、グローバルイノベーションの形態を検討してみよう。

①　本社中心イノベーション(center- for-global)

この形態では、世界は一つの市場と考えられている。そのため、本社

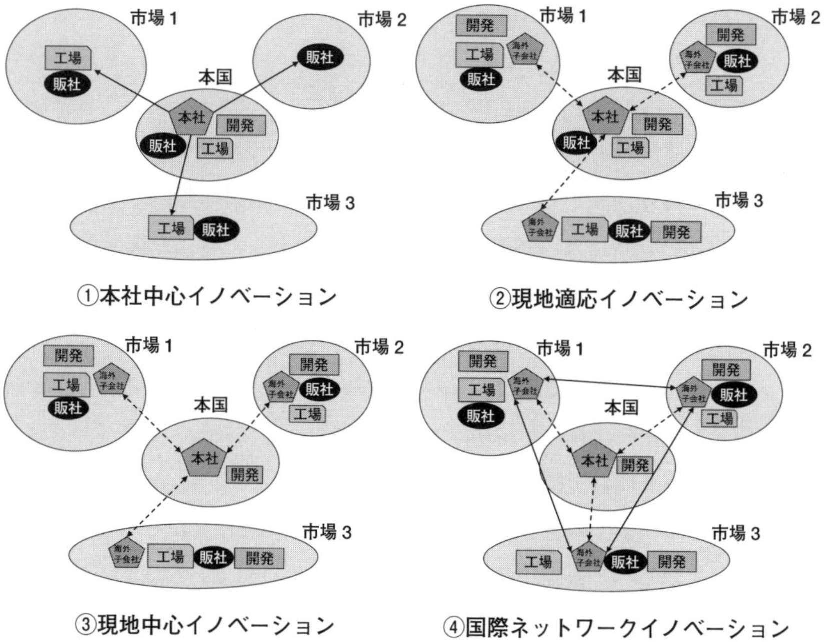

図 4.6　グローバルイノベーションの形態

でのイノベーションは全世界通用とみなされ、現地適応は極力避けられる。イノベーションの機会を察知するのは常に本社であり、現地向けの製品や生産プロセスに対応するのも本社である。イノベーションの主要な経営資源と能力は本社に集中し、世界市場向けの製品を本国で集中的に開発・生産して、規模の経済性を追求する。これは、本国の優位性を最大限活用した国際展開である。したがって、この形態は、本国で創造した技術や能力を海外に移転して応用するグローバル企業に多く見られる。例えば、輸出中心の企業、グローバルな効率性を重視する家電や自動車産業などである。この形態では、イノベーションは本社に限定され、その成果がほとんど海外子会社へ移転されないという問題がある。

② 現地適応イノベーション(local-for-local)

この形態では各国の市場環境は多様と考えられているため、海外子会社の自立性をより高めようとする。ここでは、イノベーションの潜在的な機会は海外子会社が察知し、その機会への対応も基本的に海外子会社が行う。重要な経営資源や技術は海外子会社に分散され、海外子会社は本社に依存せず現地市場に適応した製品開発や市場開拓を行う。この形態は、国際化の歴史が長い欧州企業や国ごとに消費者の嗜好が異なる食品企業に多く見られる。結果として、本社と海外子会社とのコミュニケーションは密ではない場合も多く、両者の関係が適切に調整されていない場合もある。また、プロダクトイノベーションとプロセスイノベーションのための人材・原材料は現地調達され、組織運営のノウハウも現地で蓄積される。しかし、それがグローバル規模で活用されないという問題がある。

③　現地中心イノベーション(local-for-global)

この形態では、海外子会社は本社の海外進出の拠点と考えられている。そのため、本社がもつ知識や技術が海外子会社へ積極的に移転される。そこでは、海外子会社がイノベーションの機会を察知し、その対応もまず海外子会社が行うが、その成果は本社を経由してグローバル規模で活用される。主要な技術や知識は海外子会社に分散され、それぞれの開発センターが差別化能力と経営資源をもって企業全体に貢献することが期待されている。これは、海外子会社が、本社の戦略的単位と見なされていることを意味している。そのため、海外子会社は、本社に対する一定の自立性を有するが、主要な意思決定権や成果は本社に譲る。例えば、イノベーションを起こした結果生まれる成果は、まず本社の研究開発部門に帰属し、その後に世界中の子会社で実行される。この形態は、米国の多国籍企業に多く見られる。しかし、イノベーションの成果を本社が中心になって海外へ移転する点では、国際 PLC モデルと同じ本社中心のイノベーションといえる。

④　国際ネットワークイノベーション(the differentiated network)

この形態では、本社と海外子会社間、海外子会社間はネットワーク化され、さらに本社と海外子会社はそれぞれ差別化された単位だと考えられる。そのため、経営資源や能力をネットワークの構成メンバー間で弾力的に分配し、グローバル規模のイノベーションに対応しようとする。そこでは、グローバル規模の効率性と現地適応の効率性を両立すべく、主要な経営資源(人材、技術、知識)が世界中に分散される。言い換えれば、ネットワーク上の各事業部が、本社であれ海外子会社であれ、互いに依存し合うように設計されている。したがって、海外子会社の活動が閉鎖的であることは許されない。

海外子会社は、それぞれ特定の活動に対して専門性をもち、本社や他の海外子会社との協力が求められる。その結果、グローバル規模での効率性を追求しながら、イノベーションをグループ全体で推進し、その成果を共有していくことが可能になる。この形態では、本社とすべての海外子会社が独自のイノベーションを実現する能力をもち、グループ全体のイノベーションに貢献することが目指されている。

以上①～④の分類は、主に本国の本社と現地の子会社との間のイノベーションの実現に焦点を当てている。一方で、グローバルイノベーションを起こすために、自社の内部のみならず外部の研究開発資源を利用することも注目されている。一企業の枠を超えて製品、販売、生産、技術開発におけるイノベーションを実現する次の国際共創の形態である[27]。

(4)　国際共創(International Co-innovation)

国際共創とは、市場・事業・製品・生産方法を創出するため、技術、知識、資本などで複数の企業が協働して国際共同事業に取り組むことである。

本来、共創(Co-innovation)とは、次の①～③の意味をもつ概念である。

① 同一企業内で部門間の障壁を除き、組織の全メンバーの創造力と能力を駆使したチームワークによって製品開発や技術革新を行うこと[28]

② 同一産業の複数の企業が、その独立性を維持したまま新たな共同企業を設立し、特にＲ＆Ｄでの協働によって、イノベーションを実現する

こと[29]

③　メーカ、流通企業、消費者によって新たな市場機会が創出されたとき、開発主体が相互に協働しながらプロダクトイノベーションを行うこと[30]

これらの概念を踏まえて、本章では以下❶〜❸の意味合いで共創という用語を用いることにする。

❶　参加主体の協働によるイノベーションの実現

❷　複数の企業や組織による共同事業への取組み

❸　資本、技術、知識の共有による参加者の相互発展

したがって、国際共同開発、共同での市場開拓、海外への共同進出、企業連合体(コンソーシアム)による技術開発、消費者が自己のニーズを反映させる消費者参加型の製品開発などはいずれも共創の身近な例である。あえて図式化すれば、**図 4.7** となる。

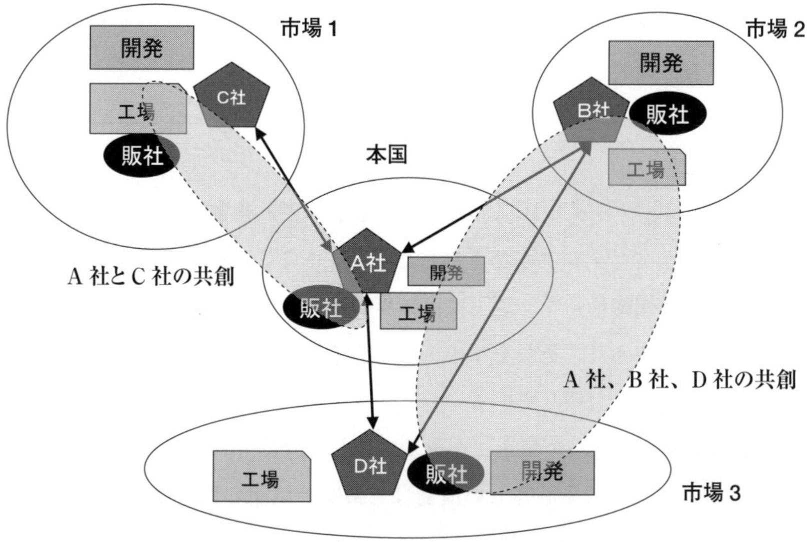

図 4.7　国際共創によるグローバルイノベーション

4.5　情報技術の応用による新たな価値創造

DX(Digital Transformation)やAIを中心として、近年さまざまなITの応用に関する議論が盛んに行われている。新型コロナウイルスのパンデミックは、今まで対面を基本としてきた我が国の業務形態の欠陥を露呈させた。また、国際競争力の復活も目指して、ITやコンピュータ情報ネットワークの業務への積極的応用を加速させなくてはいけない状況はますます加速している。ITは、我が国が強みとして培ってきたオペレーションズマネジメントと、システマティックに新たな価値を生み出すことを目的とするイノベーションマネジメントを融合させる技術基盤として欠かせない。

本節では、本書を締めくくる最後の節として、DXの概説と、ITのもつ罠について検討しよう。

(1)　DXとは

デジタルトランスフォーメーション、正確にはデジタルビジネストランスフォーメーションを、この分野の代表的論者であるマイケルウェイドは、次のように定義し、概説している[31]。

「デジタル技術とデジタルビジネスモデルを用いて組織を変化させ、業績を改善すること」

DXの目的は、デジタルビジネスモデルを用いて企業業績を改善することであり、前提として、デジタルを土台した変革である。DXを実行するには、複雑に絡み合った組織構造を、さらには業界構造を、業績を改善するように調整することが必要であり、それをマイケルウェイドは、オーケストラの演奏になぞらえて次のように説明している。

図4.8に示すように、企業をセクションごとに分けられた楽器で構成される一団と考えれば、その素晴らしい演奏は、楽器の集団の見事な調和(オーケストレーション)によってしか生まれない。オーケステレーションの妙がDXであるというのである。変革目標の設定は、曲作りと似ていて、その実行は演奏

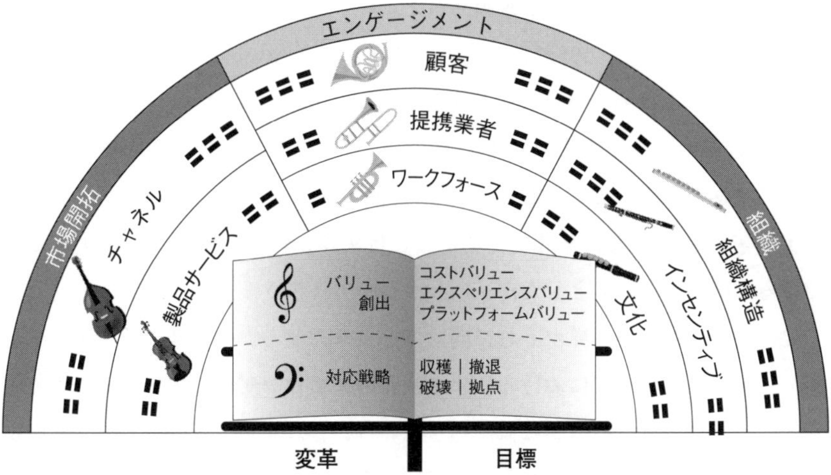

出典）　マイケル・ウェイド、ジェイムズ・マーコレー、アンディ・ノロニャ、ジョエル・バービア（著）、根来龍之（監訳）(2019)：『DX 実行戦略』、日本経済新聞社（原著 Michael Wade, James Macaulay, Andy Noronha, Joel Barbier (2019)：*Orchestrating Transformation*, IMD）の図表 4-1

図 4.8　トラスフォーメーションオーケストラ [18)]

であり、それは変革の理念に沿って行われないと美しい曲として聞こえない。オーケストラを構成する８つの楽器は、組織内の８つの要素、つまり会社の主力市場のモデリング（市場開拓）、利害関係者との関与の仕方（エンゲージメント）、組織作りの方法（組織）である。華麗なオーケストラの演奏のように、DX を成功させるには、「必要なとき」「必要な場所」に８つの楽器を参加させる。つまりは、組織内のリソースを状況に応じて集め活用する。さらには、それら

18)　**図 4.8** は以下のセクションを想定している。
- 市場開拓セクション：製品・サービス（あなたの会社が売る製品やサービス）、チャネル（製品やサービスを顧客に届ける方法、市場までの道筋）
- エンゲージメントセクション：顧客エンゲージメント（顧客とどうかかわっているか）、提携業者エンゲージメント（提携業者のエコシステムとどうかかわっているか）、ワークフォースエンゲージメント（従業員や契約スタッフとどうかかわっているか）
- 組織セクション：組織構造（事業部門やチーム、命令系統、プロフィットセンター、コストセンターの構造）、インセンティブ（従業員のパフォーマンスやふるまいがどう推奨されるか）、文化（会社の価値観や態度、信念、習慣）

が調和して奏でられることが求められる。

このような調整は、デジタルを用いてしかできないのかもしれないが、一方でそれをデジタルで行うことほど難しいことはない。マイケルウェイドは、「DX は世界中の企業で失敗している」としているが、現代企業の業務形態の理想像であることに変わりはない。**第2章**で JIT について述べたとき、「多くの実務家にとって JIT を具現化することは実際には難しいが、追求することで得るものが大きい」としたが、DX はそれと似ている。

要は、各企業、各業界がそれに向けてどう努力するかであり、その努力の過程で、デジタル化時代における個々の企業のコアコンピタンスが形成されていくと考えられる。常に念頭に置くべきなのは、それを追求することで、どのような価値創造が行われるかを、常に測定しながら行わなくてはならないということである。

(2)　ITのもつ罠

IT は複眼マネジメントを推進する際に、欠くことができない存在であることは言うまでもない。しかし、IT が飛躍的に進展すればするほど、たとえ魅力的でも「IT の導入によって新たな価値創造ができるかどうか」は、注意深く検討してみる必要がある。

筆者などの研究[32]で、次のような指摘を行った。

「IT には、二つの側面がある。『道具』として側面と、『おもちゃ』としての側面である。この二つの側面があることを、実務家も含めて多くの人が認識できていない。『道具』としての側面は、傘や箸や車と同じように、それらの使い方は学校や家庭で教えられるものであって、もしその使い方が変わるとユーザは混乱してしまう。典型的には、ATM など、その使い方が変わったら多くの人が混乱する。一方、VR、AR、AI などは、『おもちゃ』としての側面が有り、開発者は様々な挑戦をする。それだからこそ、進化するが、他方で、廃れやすい。プリクラ機器は構造的には ATM に似ているが、おもちゃ的側面も持っている。しかし、おもちゃ的側面だけでは金にならない。金になるためには、道

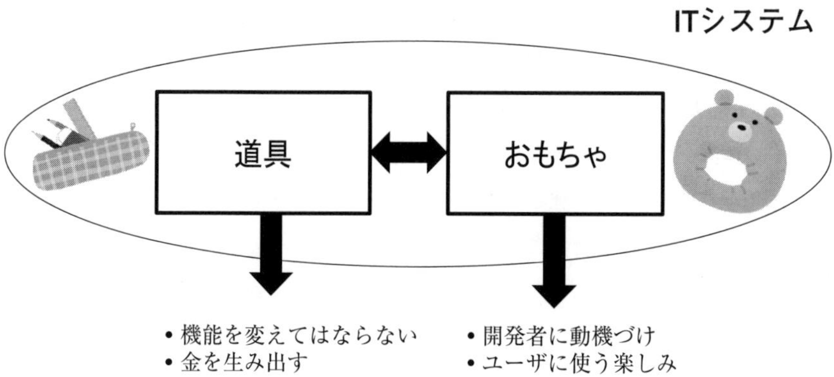

図 4.9　IT にかかわる 2 つの側面

具としての側面が必要となる。

スマートフォンもこの先、5 年後、どうなっているかわからない。ユーザにとって『おもちゃ』であるから IT に関わる人々の興味をひいてきた。しかし、『道具』にならない限り、その永続性は保証できない。しかし、現在、その進展はままならない状況にある。つまらない『おもちゃ』となった時点で、世の中から消えることになる。

現行の OS の普及度合いや、IT に関わる様々な技術をみる限り、『おもちゃ』としての要素が IT には増えてきたように感じられる。」

以上の IT にかかわる 2 つの側面を図示すれば、**図 4.9** となる。

IT は複眼マネジメントを推進するうえで欠くことのできない存在であると前述した。「欠くことができない存在」というのは、明らかに新たな価値創造ができるという意味である。つまり、本項の議論でいえば、IT や情報システムを、導入ありきの「おもちゃ」ではなくて、使える「道具」にできるかどうかである。AI、VR、AR などは、「おもちゃ」としての側面があるので技術的には飛躍的に進展している。しかし、その面白さばかりに捕らわれてしまうと、「莫大な投資をしたにもかかわらず何らの価値も創出できなかった」ということになりかねない。現代の IT がもっている罠である。DX も先に見たように方向性は素晴らしいし、製造業が目指す Smart Factory などの議論も興味深いが、そこから生み出される価値を常に評価しながら、それらの導入を進めないと莫大な費用ばかりが発生してしまう。

以上のようにITの適用を検討するうえでは、常にそれがもつ罠を念頭に置く必要がある。以下、本書を締めくくる事項として、複眼マネジメントを推し進めるうえでの要件を整理しておく。これら要件と照らし合わせながら、複眼マネジメントを進展させることが望まれる。

① 検討をしているITやそれにかかわるシステムは、具体的にどのような価値を組織にもたらすのか。

② 現行のITやそれにかかわるシステムの導入方法で、それらは経営業務にとって欠くことのできない道具のレベルにまで至らしめることができるのか。

③ ①の価値を評価するシステムもしくは仕組みを組織は持ち合わせているか。

以上の３点に加えて、最も重要なのは、複眼マネジメントを進めようとしているあなたが、我々の社会をサステナブルで、多くの人々に「心の豊かさ」をもたらすような「あるべき姿」を想起できているかどうかである。その想起を読者にお願いして、本書を締めくくりたい。

●参考文献

［1］ The Equality Trust：*The Equality Trust works to improve the quality of life in the UK by dismantling structural inequalities*.（http://www.equalitytrust.org.uk/）

［2］ Wilkinson & Pickett（2009）：*The Spirit Level*.（http://www.dur.ac.uk/resources/wolfson.institute/events/Wilkinson372010.pdf）

［3］ 内閣府：「世論調査―令和元年度―国民生活に関する世論調査―2　調査結果の概要」（https://survey.gov-online.go.jp/r01/r01-life/2-2.html）

［4］ 太田雅晴（編著）（2013）：『イノベーションで創る持続可能社会』、p.4、中央経済社

［5］ 前掲［4］、p.5

［6］ 三方良しを世界に広める会（http://sanpoyoshi.net/）

［7］ 二宮尊徳資料館（https://www.city.moka.lg.jp/toppage/soshiki/bunka/3/houto

usamitto/703.html）
[8]　太田雅晴（編著）（2011）：『イノベーションマネジメント―システマティックな価値創造プロセスの構築に向けて―』、「第8章 イノベーションと経営理念」（寺井康晴）、日科技連出版社、pp.191-218
[9]　Goldsmith, Suzy, Danny Samson（2005）："Sustainable Development and Business Success, Reaching Beyond the Rhetoric to Superior Performance", *Foundation for Sustainable Economic Development*, University of Melbourne.
[10]　日本ユニセフ協会：「SDGs 17の目標」（https://www.unicef.or.jp/kodomo/sdgs/17goals/）
[11]　経済産業省：「政策について―政策一覧―対外経済―通商政策―SDGs」（https://www.meti.go.jp/policy/trade_policy/sdgs/index.html）
[12]　太田雅晴（編著）（2011）：『イノベーションマネジメント―システマティックな価値創成プロセスの構築に向けて―』、日科技連出版社
[13]　Besen, S. M. and Raskind, L. J.（1991）："An Introduction to the Law and Economics of Intellectual Property", *Journal of Economic Perspective*, 5（1）, pp3-27.
[14]　永田晃也（編）（2004）：『知的財産マネジメント　戦略と組織構造』、中央経済社
[15]　Teece, D. J.（1986）："Profiting from technological innovation: Implications for integration, collaboration, licensing and public policy", *Research Policy*, Volume 15, Issue 6, pp.285-305.
[16]　パトリック・サリヴァン（著）、森田松太郎（監修）、水谷孝三、一柳良雄、船橋仁、坂井賢二、田中正博（訳）（2002）：『知的経営の真髄』、東洋経済新報社（原著 Sullivan, P. H.（2000）：*Value-Driven Intellectual Capital*, John Wiley & Sons）
[17]　スザンヌ・スコッチマー（著）、青木玲子（監訳）、安藤至大（訳）（2008）：『知財創出』、日本評論社（原著 Scotchmer, S.（2004）：*Innovation and Incentives*, The MIT Press）
[18]　石井正（2005）：『知的財産の歴史と現代』、発明協会
[19]　ヘンリー・チェスブロウ（著）、大前恵一朗（訳）（2004）：『ハーバード流イノベーション戦略のすべて』、産能大学出版部（原著 Chesbrough, H.（2003）：*Open Innovation: The New Imperative for Creating and Profiting from Technology*", Harvard Business School Press）
[20]　日本製薬工業協会知財支援プロジェクト（2010）：「製薬協『知財支援プロジェクト』が挑んだもの：大学などの研究機関のライフサイエンス分野における知財戦略の問題とそれへの提言」、『社団法人日本国際知的財産保護協会月報』、Vol.55, No.1, pp.26-37
[21]　永田晃也、隅藏康一（編）（2005）：『知的財産と技術経営』、丸善
[22]　高橋伸夫、中野剛治（編著）（2007）：『ライセンシング戦略』、有斐閣

[23]　ドン・タプスコット、アンソニー・D.ウィリアムズ(著)、井口耕二(訳)(2007)：『ウィキノミクス』、日経BP社(原著 Tapscott, D. and Williams, A. (2006)：*Wikinomics: How Mass Collaboration Changes Everything*, Portfolio)

[24]　ヘンリー・チェスブロウ(著)、栗原潔(訳)(2007)：『オープンビジネスモデル』翔泳社(原著 Chesbrough, H.(2006)：*Open Business Models: How To Thrive In The New Innovation Landscape*, Harvard Business School Press)

[25]　Giddy, H. I.(1978)："The demise of the product life cycle model in international business theory", *Columbia Journal of World Business*, 13(1), pp.90-97.

[26]　Nohira, N. & Ghoshal, S.(1997)："The Differentiated Network: Organizing Multinational Corporations for vale creation", *San Francisco:Jossey-Bass*, pp.23-32.

[27]　Rothaermel, F. T. & Hess, A.(2010)："Innovation Strategies Combined. Sloan", *Management Review.*, 51(3), pp.13-16.

[28]　Liu, J., Qian, J. & Chen, J.(2006)："Technological learning and firm-level technological capability building: analytical framework and evidence from Chinese manufacturing firms", *International Journal of Technology Management*, 36(1-3), pp.190-208.

[29]　Bossink, B. A. G.(2002)："The development of co-innovation strategies: Stages and interaction patterns in interfirm innovation", *R&D Management*, 32(4), pp.311-320.

[30]　小川進(2006)：『競争的共創論』、白桃書房

[31]　マイケル・ウェイド、ジェイムズ・マーコレー、アンディ・ノロニャ、ジョエル・バービア(著)、根来龍之(監訳)(2019)：『DX実行戦略』、日本経済新聞社(原著 Michael Wade, James Macaulay, Andy Noronha, Joel Barbier(2019)：*Orchestrating Transformation*, IMD)

[32]　太田雅晴：「情報経営学の対象・方法・展望、学会のビジョン、近年の技術動向、社会環境、研究対象からの一考察」、『日本情報経営学会誌』、41巻2号、pp.26-33

●演習問題

問 4-1　イノベーティブサステナビリティとは、どのような状態が実現されたものであると定義できるか。

問 4-2　過去における我が国 CSR の課題は何であったのか。その課題を解消するために近年の企業が取り組んである方向性について説明しなさい。

問 4-3　SDGs はどのような経緯で出てきた指針か。

問 4-4　企業が SDGs にもとづいて自らの活動を行っていくことで、どのような成果があると考えられるか。

問 4-5　知的財産制度を利用しながら企業活動を行うことによってどのような優位点があるか。

問 4-6　オープンイノベーションとは、どのようにしてイノベーション活動を進めることか。

問 4-7　身近な企業を事例に取り上げながら、その企業はどのようなグローバルイノベーションの形態をとっているのか説明しなさい。また、その形態をとることの優位点、課題を整理しなさい。

問 4-8　近年、国際共創によるイノベーションが活性化している。それを行っている企業を調べ、その企業にとって国際共創はどのような競争優位をもたらすか。

問 4-9　DX を進めるうえでの要点を整理しなさい。

問 4-10　IT の利用は、複眼マネジメントを進めるうえで欠かすことができない事項であるが、その利用で注意しなくてはならないことは何かを整理しなさい。

問 4-11　あなたが属する企業もしくは組織(学生であれば所属校)の「あるべき姿」を文書化しなさい。

問 4-12　問 4-11 で提示した「あるべき姿」に向けて、あなたはどのように複眼マネジメントを施せばよいと考えるか。できるだけ具体的に提言しなさい。

索　　引

【英数字】

16大ロス　106
17の原則　105
1個流し　92
2ビン方式　80
5大装置　15
AI　27
AR　27、29
bit　22
BOMファイル　84
C/S　19
CAD　57
CAD/CAM　57
CAE　58
CAM　58
COPICS　38
CPM　76
CPU　15
CRM　101
CSR　151
DCM　98
DNS　34
DX　110、172
ERP　38、83、88
ESG投資　155
Execute Cycle　16
Fetch Cycle　16
Industry4.0　70
IoT　36、69、102
IPv4　34
IPv6　34
IPアドレス　32
ISF　85
ISO　105
ITのもつ罠　174
JIT(Just in Time)　89
——システム　89、94
——生産方式　82、89
LAN　31
MPS　72
MR　29
MRP　83
MTM法　65
open-loop MRP　88
OS　17
OSI参照モデル　32
Oslo Manual　125
PDCAサイクル　108
PERT　76
POP　65、101
PTS　65
QCサークル　110
QCストーリー　108
QC七つ道具　102
RFID　36、102
SAP/R3　40
SCM　98
SDGs　147
SECIモデル　27
S字カーブ　123
TCP/IP　32
TMU　65
TOC　97
TP　98
TPM　105
TPS　89
TQC　102
TQM　105
UI　18
UX　18
VR　28、29
WAN　31

【あ　行】

アクターネットワーク理論　135
アプリケーションシステム　37
アプリケーションソフトウェア　17
イーサネット　31
意匠設計　54
イノベーション　117
——活動　125
——ケイパビリティ　126、127
——ネットワーク　136
——の定義　118
——の評価尺度　125
——の分類　120
——プロセス　126、130
——マネジメント　117
イノベータのジレンマ　122
イノベーティブサスティナビリティ　147、149
印刷メディア　9
インターネット　32
——メディア　8
イントラネット　34
ウォータフォール型ライフサイクルモデル　42
エルゴノミクス　66
オーケレステレーション　172
オープンイノベーション　163
オープンループ型MRP　88
オープンソースイノベーション　140
オープンライセンスポリシー　162
オピニオンの操作性　10
オブジェクト指向構造　24
オブジェクト指向方法論　45、46
オフセッティング　88
オペレーションスケジューリング　75、77

オペレーションズマネジメント　51

【か　行】

改善活動　109
改善の4原則　111
革新的イノベーション　120
拡張現実　28、29
可視性の向上　44
仮想現実　28、29
価値の相対性　4
価値分析　62
活動基準原価計算　104
活版印刷技術　9
稼働分析　112
簡易化の原則　111
環境保護を考慮した設計　59
ガントチャート　76
カンバンシステム　89
カンバン生産方式　82
管理図　102
機械学習　28
機械語　17
企業横断型改善活動　110
技術主導型　54
基準生産日程計画　84
季節変動　72
既定時間法　65
機能設計　54
既発注量　87
基本ソフトウェア　17
クライアント／サーバコンピューティング　19
クライアントマネジメント　101
クラウドサービス　20
グリーンベルト　108
クリステンセン　121
グループウェア　26
クローズドイノベーション　163
クローズドループ型MRP　83、88
グローバルイノベーション　165
クロスファンクショナル活動　105
クロスライセンス　162
経営資源観　14
傾向変動　72
経済的評価尺度　125
結合の原則　111
原価管理　103
原価構成　103
原価積み上げシステム　104
研究室主導型　54
現地中心イノベーション　169
現地適応イノベーション　168
広域通信網　31
交換の原則　160
公衆網　31
構造資本　160
工程管理　101
工程記号　59
工程設計　53、59
工程能力指数　102
構内通信網　31
顧客ニーズ主導型　54
国際PLCモデル　165
国際共創　170
国際ネットワークイノベーション　169
コミュニティ横断的イノベーション　141
コンカレントエンジニアリング　58
コンテキストアウェアネス　37
コンピュータの処理速度　16

【さ　行】

サーブリック記号　63
サイクルタイム　67
サイバー・フィジカル・システム　35
サイバースペース　11
サイバネティクス　5
作業標準時間　65
差し立て規則　78
サステナブルデベロップメント　151
サブスキーマ　24
サプライチェーン　98
サリヴァンのモデル　159
三次元CAD　55
シークエンシャルファイル編成　23
仕掛在庫　80
時間研究　63
時系列的予測モデル　72
資材在庫　80
資材所要量計画　83
指数平滑法　73
システマティックイノベーションマネジメント　117
システムソフトウェア　17
持続的イノベーション　121
シックスシグマ　105、107
死の谷　124
社会的価値と経済的価値の同時獲得　152
社会的翻訳　137
集中的イノベーション　140
受注生産形態　71
需要予測　72
準革新的イノベーション　120
循環性　4
循環変動　72
シュンペーター　118
小集団改善　110
——活動　105、109

情報　2、7
——システムパッケージ　38
——処理　13
——伝達媒体　8
——の価値　5
——の語源　2
——の特質　3
正味所要量　87
ジョブショップスケジューリング　77
ジョンソンの方法　77
新QC七つ道具　102
シングル段取り　94
新結合　118
人月非互換の原則　44
人工知能　27
深層学習　28
人的資本　159
ストレートライセンス　162
スマート工場　62、70
生産指示カンバン　90
生産時点情報管理　65、101
生産設計　54
生産における諸機能関連図　52
製造プロセス　59
静的スケジューリング　77
製品企画　53
製品系列直課システム　104
製品在庫　80
製品設計　53
セル生産　68
専業特許状　161
全社的品質管理　102、104
漸進的イノベーション　120
全数計測システム　102
専売条例　161
全般的生産計画　71
戦略経営資源観　14
総合効率　106
総合的生産計画・管理の方法　83
総所要量　86
創造プロセス　131
双方向性　11
即応性　12
組織能力　127
ソフトウェアパッケージ　38
損益分岐点分析　62

【た　行】

ダーウィンの海　124
ターンアラウンド時間　19
第5世代移動通信システム　35
ダイナミックケイパビリティ　127
ダイナミックスケジューリング　77
タイムバケット　84
ダイレクトファイル編成　23
多期間生産計画　73
タクトタイム　67
ダベンポート　6
単一期間生産計画　73
チーフエンジニア制　111
チームウェア　26
知財戦略　161
知識　7
——活用型企業　159
知的財産　159
——権　159
——制度　148、161
知的資本　159
中央処理装置　15
調達プロセス　71
通信プロトコル　32
定期発注方式　80
定量発注方式　80
データウェアハウス　25
データの記憶単位　22
データベース　21
——システム　21
——スキーマ　24
——マネジメントシステム　25
データマイニング　25
デジタルコンバージェンス　11、139
デジタルタトゥー　35
デジタルトランスフォーメーション　172
デマンドチェーンマネジメント　100
手持ち在庫　85
——量　86
伝統的情報システム開発方法論　38
テンポラリファイル　23
動作経済の原則　63
動作研究　63
動的スケジューリング　77
特許状　161
特許の仕組み　161
ドミナントデザイン　123
トヨタ生産方式　89
トランザクションデータ　18
トランザクションファイル　23
トランスフォーメーションオーケストラ　173
トレーディングゾーン　137

【な　行】

ナレッジコラボレーション　26
ナレッジマネジメント　27
二重に分散化されたイノベーションネットワーク

141
日常管理　105
日程計画　71、75
ニューストリームイノベーション　127
認知的翻訳　137
ノイマン型コンピュータ　16

【は　行】

排除の原則　111
ハイパーメディア　11
破壊的イノベーション　121
バックアップファイル　19
バックワード法　79
バッチ処理　18
引き取りカンバン　90
ビジネス・モデル　15
必須の通過点　136
引っ張り方式　92
必要悪観　13
非ノイマン型コンピュータ　16
表構造　23
標準原価計算　104
ビルオブマテリアルズ　84
品質管理　102
品質の基準　102
フィット戦略　135
不移転性　3
フェーズドアプローチの採用　44
フォワード法　79
不確実性の低減　5
負荷計画　78
不規則変動　72
普及プロセス　131
複眼マネジメント　147
複写可能性　3
部署横断型改善活動　108、110
ブラックベルト　108
プル生産方式　92
ブレークスルー案　98
フローショップスケジューリング　77
フローダイアグラム　60
プロジェクトスケジューリング　75
プロセスイノベーション　122
プロセスチャート　60
プロダクトイノベーション　122
プロトタイピング指向　45
包括的イノベーションプロセス　135
方針管理　105
ボーター　135
補完資産　159
本社中心イノベーション　167
翻訳　137

【ま　行】

マスタープロダクションスケジュール　72
マスタープロダクションスケジュール　84
マスタファイル　18、23
マスメディア　9
マネジメントシステム　104
魔の川　124
マルチメディア　11
マルチプロジェクト戦略　55
マンマシンチャート　60
見込生産形態　70
無体性　4
ムダの見える化　112
鞭効果　99
命令実行サイクル　16
命令取出しサイクル　16
メインストリームアクティビティ　127
メインフレーム　19
メタバース　138
メディアの単一性　10
メディアミックス　11
問題解決　108

【や　行】

遊休時間　67
ユーザイノベーション　138
優先規則　78
有用性観　13
ユティリティソフトウェア　17
ユビキタスコンピューティング　36

【ら　行】

ラインバランシング　67、75
ランドの方法　73
リアルタイム処理　18
リバースエンジニアリング　58
流通在庫　80
流通プロセス　71
両刀使いの組織　121
リレーショナル構造　23
レガシーシステム　25
ロジカルシンキング　108
ロットフォーロット法　88
ワークステーション数　67

■ 著者紹介

太田(おおた)　雅晴(まさはる)

大阪学院大学経営学部経営学科教授、大阪市立大学名誉教授

【経歴】

1973 年　静岡県立浜松北高等学校卒業

1979 年　大阪大学工学部産業機械工学科卒業

1981 年　大阪大学大学院工学研究科産業機械工学専攻修士課程修了

1984 年　京都大学大学院工学研究科精密工学専攻博士後期課程研究指導認定退学

その後、京都大学工学部助手、富山大学経済学部経営学科助教授、大阪市立大学商学部助教授を経て、

1996 年　大阪市立大学大学院経営学研究科・商学部教授

2019 年より現職

【著作】

『OR 事例集』(共著)、『生産情報システム』(単著)、『製販統合型情報システム』、『経営管理支援型情報システム』、『TQM の基本と進め方』(共著)、『イノベーションマネジメント』(編著)(以上、日科技連出版社)、『経営情報(ビジネスエッセンシャルズ 2)』(編著、有斐閣)、『大阪新生へのビジネス・イノベーション』(共著、ミネルヴァ書房)、『イノベーションで創る持続可能社会』(以上、編著、中央経済社)、他

複眼マネジメントのすすめ
4つのマネジメント手法を使いこなす

2022年3月24日　第1刷発行

著　者　太　田　雅　晴
発行人　戸　羽　節　文

検　印
省　略

発行所　株式会社　日科技連出版社
〒151-0051　東京都渋谷区千駄ヶ谷5-15-5
DSビル
電　話　出版　03-5379-1244
　　　　営業　03-5379-1238

Printed in Japan　　印刷・製本　河北印刷株式会社

ISBN978-4-8171-9753-5
URL https://www.juse-p.co.jp/